·高等学校计算机基础教育教材精选·

微型计算机原理与接口技术 题解及实验指导(第3版)

吴宁 陈文革 主编

清华大学出版社

北京

内 容 简 介

本书是与《微型计算机原理与接口技术》(第3版)(冯博琴、吴宁主编,清华大学出版社,2011年6月)配套使用的题解及实验指导,全书由习题解答和相应的上机实验指导两部分组成。

习题解答部分包括《微型计算机原理与接口技术》(第3版)中各章全部习题的详细分析和解释。实验指导分为两章。第一章为汇编语言程序设计,包括汇编语言程序设计中各种典型的问题;第二章为硬件接口实验。全部实验共17项,其中部分内容(加*项)可根据实验者的具体情况进行取舍。

本书可帮助读者更深入地理解和掌握主教材内容,提高独立思考、分析和解决问题的能力。本书适用于普通高等学校非计算机类和专业本科学生,也可作为成人高等教育的培训教材及广大科技工作者的参考书。

图书在版编目(CIP)数据

微型计算机原理与接口技术题解及实验指导/吴宁,陈文革主编. —3版. —北京:清华大学出版社,2011.12

(高等学校计算机基础教育教材精选)

ISBN 978-7-302-27219-9

Ⅰ. ①微… Ⅱ. ①吴… ②陈… Ⅲ. ①微型计算机—理论—高等学校—教学参考资料 ②微型计算机—接口技术—高等学校—教学参考资料 Ⅳ. ①TP36

中国版本图书馆 CIP 数据核字(2011)第 224668 号

责任编辑:焦　虹
责任校对:焦丽丽
责任印制:何　芊

出版发行:清华大学出版社　　　　　　　　地　　　址:北京清华大学学研大厦 A 座
　　　　　http://www.tup.com.cn　　　　　邮　　　编:100084
　　　　　社　总　机:010-62770175　　　　邮　　　购:010-62786544
　　　　　投稿与读者服务:010-62795954,jsjjc@tup.tsinghua.edu.cn
　　　　　质　量　反　馈:010-62772015,zhiliang@tup.tsinghua.edu.cn
印　刷　者:三河市君旺印装厂
装　订　者:三河市新茂装订有限公司
经　　　销:全国新华书店
开　　　本:185×260　　　　印　　张:11.25　　　　字　　数:264 千字
版　　　次:2011 年 11 月第 3 版　　　印　　次:2011 年 11 月第 1 次印刷
印　　　数:1~3000
定　　　价:19.00 元

产品编号:044894-01

出版说明

在教育部关于高等学校计算机基础教育三层次方案的指导下,我国高等学校的计算机基础教育事业蓬勃发展。经过多年的教学改革与实践,全国很多学校在计算机基础教育这一领域中积累了大量宝贵的经验,取得了许多可喜的成果。

随着科教兴国战略的实施以及社会信息化进程的加快,目前我国的高等教育事业正面临着新的发展机遇,但同时也必须面对新的挑战。这些都对高等学校的计算机基础教育提出了更高的要求。为了适应教学改革的需要,进一步推动我国高等学校计算机基础教育事业的发展,我们在全国各高等学校精心挖掘和遴选了一批经过教学实践检验的优秀的教学成果,编辑出版了这套教材。教材的选题范围涵盖了计算机基础教育的三个层次,包括面向各高校开设的计算机必修课、选修课,以及与各类专业相结合的计算机课程。

为了保证出版质量,同时更好地适应教学需求,本套教材将采取开放的体系和滚动出版的方式(即成熟一本、出版一本,并保持不断更新),坚持宁缺毋滥的原则,力求反映我国高等学校计算机基础教育的最新成果,使本套丛书无论在技术质量上还是文字质量上均成为真正的"精选"。

清华大学出版社一直致力于计算机教育用书的出版工作,在计算机基础教育领域出版了许多优秀的教材。本套教材的出版将进一步丰富和扩大我社在这一领域的选题范围、层次和深度,以适应高校计算机基础教育课程层次化、多样化的趋势,从而更好地满足各学校由于条件、师资和生源水平、专业领域等的差异而产生的不同需求。我们热切期望全国广大教师能够积极参与到本套丛书的编写工作中来,把自己的教学成果与全国的同行们分享;同时也欢迎广大读者对本套教材提出宝贵意见,以便我们改进工作,为读者提供更好的服务。

我们的电子邮件地址是 jiaoh@tup.tsinghua.edu.cn。联系人:焦虹。

清华大学出版社

前言

　　本书是与《微型计算机原理与接口技术》(第 3 版)(冯博琴、吴宁主编,清华大学出版社,2011 年 6 月)配套的题解及实验指导。全书分为两部分,第一部分是教材各章的习题分析和解答,第二部分是实验指导。本书对学生进一步理解教材内容并验证所学知识的掌握程度有一定的帮助,对从事该课程教学的教师也可提供一个巩固和深化教学效果的环境。

　　学习的最终目标是为了应用。要较好地掌握微型计算机技术,实践是一个非常重要的环节。对汇编程序,要多读例程、多做上机练习,才能逐渐领会和掌握编程的方法和技巧。对接口电路,更需多做实验才能真正学会其使用方法。

　　本书在实验指导部分介绍了汇编程序设计的实验环境和设计步骤,由浅入深地引入了汇编程序设计中的各类典型问题。在接口电路部分,借鉴了清华同方公司基于 TCP-H 实验装置设计的多个实验,对读者学好微型计算机原理和接口技术将会有较大的帮助。

　　这次再版工作由吴宁和陈文革负责,由吴宁负责统稿。

　　在该书的整个编写过程中,得到了冯博琴教授的悉心指导,在此深表感谢。接口实验采用了 TCP-H 实验装置设计者们设计的实验,特此向该装置的开发者致谢。

编　者

目录

第一部分 习题解答

第二部分 实验指导

第一部分

习 题 解 答

第 **1** 章 基础知识

1.1 计算机中常用的记数制有哪些?

解:二进制、十六进制、十进制(BCD)、八进制。

1.2 请说明机器数和真值的区别。

解:将符号位数值化的数码称为机器数或机器码,原来的数值叫做机器数的真值。

1.3 完成下列数制的转换:

(1) 10100110B=( )D=( )H

(2) 0.11B=( )D

(3) 253.25=( )B=( )H

(4) 1011011.101B=( )H=( )BCD

解:(1) 166,A6H

(2) 0.75

(3) 11111101.01B,FD.4H

(4) 5B.AH,(1001 0001.0110 0010 0101)BCD

1.4 8 位和 16 位二进制数的原码、补码和反码可表示的数的范围分别是多少?

解:原码 $(-127\sim +127)$,$(-32\,767\sim +32\,767)$

反码 $(-127\sim +127)$,$(-32\,767\sim +32\,767)$

补码 $(-128\sim +127)$,$(-32\,768\sim +32\,767)$

1.5 写出下列真值对应的原码和补码的形式:

(1) $X=-1110011B$

(2) $X=-71D$

(3) $X=+1001001B$

解:(1) 原码:11110011 补码:10001101

(2) 原码:11000111 补码:10111001

(3) 原码:01001001 补码:01001001

1.6 写出符号数 10110101B 的反码和补码。

解:$[10110101B]_{\text{反}}=11001010B$,

$[10110101B]_{\text{补}}=11001011B$

1.7 已知 X 和 Y 的真值,求$[X+Y]_{\text{补}}=?$

(1) $X=-1110111B$ $Y=+1011010B$

(2) $X=56$ $Y=-21$

解：(1) $[X]_{原}=11110111B$ $[X]_{补}=10001001B$

         $[Y]_{原}=[Y]_{补}=01011010B$

         所以 $[X+Y]_{补}=[X]_{补}+[Y]_{补}=11100011B$

(2) $[X]_{原}=[X]_{补}=00111000B$

         $[Y]_{原}=10010101B$ $[Y]_{补}=11101011B$

         所以 $[X+Y]_{补}=[X]_{补}+[Y]_{补}=00100011B$

1.8 已知 $X=-1101001B$，$Y=-1010110B$，用补码求 $X-Y=?$

解：$[X-Y]_{补}=[X+(-Y)]_{补}=[X]_{补}+[-Y]_{补}$

     $[X]_{原}=11101001B$ $[X]_{补}=10010111B$

     $[-Y]_{原}=01010110B=[-Y]_{补}$

     所以 $[X-Y]_{补}=[X]_{补}+[-Y]_{补}=11101101B$

1.9 若给字符 4 和 9 的 ASCII 码加奇校验，应是多少？若加偶校验呢？

解：因为字符 4 中的 1 为奇数个，字符 9 中的 1 为偶数个，所以加奇校验时分别为：34H、B9H；加偶校验时分别为：B4H、39H。

1.10 若与门的输入端 A、B、C 的状态分别为 1、0、1，则该与门的输出端状态为什么？若将这 3 位信号连接到或门，那么或门的输出又是什么状态？

解：由与和或的逻辑关系知，"与"门的输入端有一位为 0，则输出为 0；若"或"门的输入端有一位为 1，则输出为 1。

所以，当输入端 A、B、C 的状态分别为 1、0、1 时，与门输出端的状态为 0；而或门的输出为 1。

1.11 要使与非门输出 0，则与非门输入端各位的状态应该是（   ），如果使与非门输出 1，其输入端各位的状态又是什么？

解：要使与非门输出 0，则与非门输入端各位的状态应全部是 1；若使与非门输出 1，其输入端任意一位为 0 即可。

1.12 如果 74LS138 译码器的 C、B、A 三个输入端的状态为 011，此时该译码器的 8 个输出端中哪一个会输出 0？

解：Y_3 将会输出 0。

1.13 图 1-1-1 中，$Y_1=?$ $Y_2=?$ $Y_3=?$ 138 译码器哪一个输出端会输出低电平？

解：$Y_1=0$，$Y_2=1$，$Y_3=1$。因为 138 译码器的输入端 C、B、A 的状态分别为 110，所以 Y_6 端会输出低电平。

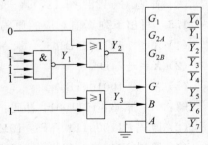

图 1-1-1   138 译码电路

第 2 章 微型计算机基础

2.1 微处理器主要由哪几部分构成？

解：微处理器主要由运算器、控制器和内部寄存器等三部分构成。

2.2 什么是多核处理器？

解：多核处理器是指在一枚处理器中集成两个或多个完整的计算引擎（内核），也称单芯片多处理器技术。

2.3 说明 8088 CPU 中 EU 和 BIU 的主要功能。在执行指令时，BIU 能直接访问存储器吗？

解：可以。因为 EU 和 BIU 可以并行工作，EU 需要的指令可以从指令队列中获得，这是 BIU 预先从存储器中取出并放入指令队列的。在 EU 执行指令的同时，BIU 可以访问存储器，取下一条指令或指令执行时需要的数据。

2.4 当 8088 CPU 工作在最小模式时，请回答下述问题。

(1) 当 CPU 访问存储器时，要利用哪些信号？

(2) 当 CPU 进行 I/O 操作时，要利用哪些信号？

(3) 当 HOLD 有效并得到响应时，CPU 的哪些信号置高阻？

解：（注：＃相当于上横线，如：WR＃＝$\overline{WR}$。）

(1) 要利用的信号线包括 WR＃、RD＃、IO/M＃、ALE、DEN＃、DT/R＃以及 AD0～AD7、A8～A19。

(2) 要利用的信号线包括：WR＃、RD＃、IO/M＃、ALE、DEN＃、DT/R＃以及 AD0～AD7、A8～A19。

(3) 所有三态输出的地址信号、数据信号和控制信号均置为高阻态。

2.5 总线周期中，何时需要插入 T_w 等待周期？插入 T_w 周期的个数取决于什么因素？

解：在每个总线周期 T_3 的开始处若 READY 为低电平，则 CPU 在 T_3 后插入一个等待周期 T_w。在 T_w 的开始时刻，CPU 还要检查 READY 状态，若仍为低电平，则再插入一个 T_w。此过程一直进行到某个 T_w 开始时，READY 已经变为高电平，这时下一个时钟周期才转入 T_4。

可以看出，插入 T_w 周期的个数取决于 READY 电平维持的时间。

2.6 若 8088 工作在单 CPU 方式下，请在下表中填入不同操作时各控制信号的状态。

操 作	IO/$\overline{\text{M}}$	DT/$\overline{\text{R}}$	$\overline{\text{DEN}}$	$\overline{\text{RD}}$	$\overline{\text{WR}}$
读存储器					
写存储器					
读 I/O 接口					
写 I/O 接口					

解：

操 作	IO/$\overline{\text{M}}$	DT/$\overline{\text{R}}$	$\overline{\text{DEN}}$	$\overline{\text{RD}}$	$\overline{\text{WR}}$
读存储器	0	0	0	0	1
写存储器	0	1	0	1	0
读 I/O 接口	1	0	0	0	1
写 I/O 接口	1	1	0	1	0

2.7 在 8086/8088 CPU 中,标志寄存器包含哪些标志位? 各位为 0(为 1)分别表示什么含义?

解：标志寄存器包含以下标志位：

CF 进位标志位。若算术运算时最高位有进(借)位,则 CF＝1,否则 CF＝0。

PF 奇偶标志位。当运算结果的低 8 位中 1 的个数为偶数时 PF＝1,为奇数时 PF＝0。

AF 辅助进位位。在加(减)法操作中,b3 向 b4 有进位(借位)时,AF＝1,否则 AF＝0。

ZF 零标志位。当运算结果为零时 ZF＝1,否则 ZF＝0。

SF 符号标志位。当运算结果的最高位为 1 时,SF＝1,否则 SF＝0。

OF 溢出标志位。当算术运算的结果溢出时,OF＝1,否则 OF＝0。

TF 跟踪标志位。TF＝1 时,使 CPU 处于单步执行指令的工作方式。

IF 中断允许标志位。IF＝1 使 CPU 可以响应可屏蔽中断请求。IF＝0 时,则禁止响应中断。

DF 方向标志位。DF＝1 使串操作按减地址方式进行。DF＝0 使串操作按增地址方式进行。

2.8 8086/8088 CPU 中,有哪些通用寄存器和专用寄存器? 说明它们的作用。

解：(1) 通用寄存器包括：

① 数据寄存器 AX、BX、CX 和 DX。它们一般用于存放参与运算的数据或运算的结果。除此之外：

- AX 主要存放算术逻辑运算中的操作数,并存放 I/O 操作的数据。
- BX 存放访问内存时的基地址。
- CX 在循环和串操作指令中用作计数器。
- DX 在寄存器间接寻址的 I/O 指令中存放 I/O 地址。在做双字长乘除法运算时, DX 与 AX 合起来存放一个双字长数。

② 地址寄存器 SP、BP、SI 和 DI。SP 存放栈顶偏移地址,BP 存放访问内存时的基地址。SP 和 BP 也可以存放数据,但它们的默认段寄存器都是 SS。SI 和 DI 常在变址寻址方式中作为索引指针。

(2) 专用寄存器包括:

① 段寄存器 CS、DS、ES 和 SS。其中,CS 是代码段寄存器,SS 是堆栈段寄存器,DS 是数据段寄存器,ES 是附加数据段寄存器。段寄存器用于存放段起始地址的高 16 位。

② 控制寄存器 IP、FLAGS。IP(Instruction Pointer)称为指令指针寄存器,用以存放预取指令的偏移地址。CPU 取指令时总是以 CS 为段基址,以 IP 为段内偏移地址。当 CPU 从 CS 段中偏移地址为 IP 的内存单元中取出指令代码的一个字节后,IP 自动加 1,指向指令代码的下一个字节。用户程序不能直接访问 IP。FLAGS 称为标志寄存器或程序状态字(PSW),它是 16 位寄存器,但只使用其中的 9 位,这 9 位包括 6 个状态标志和 3 个控制标志(参见教材中图 2-9)。

2.9 8086/8088 系统中,存储器为什么要分段? 一个段最大为多少字节? 最小为多少字节?

解:主要目的是便于存储器的管理,使得可以用 16 位寄存器来寻址 20 位的内存空间。一个段最大为 64KB,最小为 16B。

2.10 在 8086/8088 CPU 中,物理地址和逻辑地址是指什么? 已知逻辑地址为 1F00:38A0H,如何计算出其对应的物理地址? 若已知物理地址,其逻辑地址唯一吗?

解:物理地址是 CPU 存取存储器所用的地址。逻辑地址是段和偏移形式的地址,即汇编语言程序中使用的存储器地址。

若已知逻辑地址为 1F00:38A0H,则对应的物理地址=1F00×16+38A0=228A0H。

若已知物理地址,其逻辑地址不是唯一的。一个物理地址可以对应于不同的逻辑地址。如 228A0H 对应的逻辑地址可以是 1F00H:38A0H、2000H:28A0H、2200H:08A0H 等。

2.11 若 CS=8000H,则当前代码段可寻址的存储空间的范围是多少?

解:CS=8000H 时,当前代码段可寻址的存储空间范围为 80000H~8FFFFH。

2.12 8086/8088 CPU 在最小模式下构成计算机系统至少应包括哪几个基本部分(器件)?

解:至少应包括 8088 CPU、8284 时钟发生器、8282 锁存器(3 片)和 8286 双向总线驱动器。

2.13 在图 2-34 中,若设备接口 0 和设备接口 1 同时申请总线,哪一个设备接口将最先获得总线控制权? 为什么?

解:设备接口 0 先获得总线控制权。因为设备接口 0 将截获总线回答信号 BG,使 BG 不会传送到设备接口 1。

2.14 在南北桥结构的 80x86 系统中,PCI 总线是通过什么电路与 CPU 总线相连的? ISA 总线呢?

解:PCI 总线通过北桥芯片与 CPU 总线相连,ISA 总线则通过南桥芯片与 PCI 总线相连。

2.15 现代微机系统中,总线可分为哪些类型? 主要有哪些常用系统总线和外设总线标准?

解:按传送信息的类型分,总线可以分为:

- 数据总线 DB——传输数据信息;
- 地址总线 AB——传输存储器地址和 I/O 地址;
- 控制总线 CB——传输控制信息和状态信息。

按层次结构分,总线可以分为:

- 前端总线;
- 系统总线;
- 外设总线。

常用的系统总线标准有 PCI 总线、AGP 总线和 ISA 总线等;常用的外设总线标准有 USB 总线、1394 总线等。

2.16 80386 CPU 包含哪些寄存器? 各有什么主要用途?

解:80386 共有 7 类 34 个寄存器。它们分别是通用寄存器、指令指针和标志寄存器、段寄存器、系统地址寄存器、控制寄存器、调试和测试寄存器。

(1) 通用寄存器(8 个):EAX、EBX、ECX、EDX、ESI、EDI、EBP 和 ESP。每个 32 位寄存器的低 16 位可单独使用,同时 AX、BX、CX、DX 寄存器的高、低 8 位也可分别当作 8 位寄存器使用。它们与 8088/8086 中相应的 16 位通用寄存器的作用相同。

(2) 指令指针和标志寄存器:指令指针 EIP 是一个 32 位寄存器,存放下一条要执行的指令的偏移地址。

标志寄存器 EFLAGS 也是一个 32 位寄存器,存放指令的执行状态和一些控制位。

(3) 段寄存器(6 个):CS、DS、SS、ES、FS 和 GS。在实模式下,它们存放内存段的段地址。在保护模式下,它们称为段选择符。其中存放的是某一个段的选择符。当选择符装入段寄存器时,80386 中的硬件会自动用段寄存器中的值作为索引从段描述符表中取出一个 8 个字节的描述符,装入与该段寄存器相应的 64 位描述符寄存器中。

(4) 控制寄存器(4 个):CR0、CR1、CR2 和 CR3。它们的作用是保存全局性的机器状态。

(5) 系统地址寄存器(4 个):GDTR、IDTR、LDTR 和 TR。它们用来存储操作系统需要的保护信息和地址转换表信息、定义目前正在执行任务的环境、地址空间和中断向量空间。

(6) 调试寄存器(8 个):$DR_0 \sim DR_7$。它们为调试提供硬件支持。

(7) 测试寄存器(8 个):$TR_0 \sim TR_7$,其中 $TR_0 \sim TR_5$ 由 Intel 公司保留,用户只能访问 TR_6、TR_7。它们用于控制对 TLB 中的 RAM 和 CAM 相联存储器的测试。TR_6 是测试控制寄存器,TR_7 是测试状态寄存器,保存测试结果的状态。

2.17 什么是实地址模式? 什么是保护模式? 它们的特点是什么?

解:实地址模式是与 8086/8088 兼容的存储管理模式。当 80386 加电或复位后,就进入实地址工作模式。物理地址形成与 8088/8086 一样,是将段寄存器内容左移 4 位与有效偏移地址相加而得到,寻址空间为 1MB。

保护地址模式又称为虚拟地址存储管理方式。在保护模式下,80386 提供了存储管理和硬件辅助的保护机构,还增加了支持多任务操作系统的特别优化的指令。保护模式采用多级地址映射的方法,把逻辑地址映射到物理存储空间中。这个逻辑地址空间也称为虚拟地址空间,80386 的逻辑地址空间提供 2^{46} 的寻址能力。物理存储空间由内存和外存构成,它们在 80386 保护地址模式和操作系统的支持下为用户提供了均匀一致的物理存储能力。在保护模式下,用段寄存器的内容作为选择符(段描述符表的索引),选择符的高 13 位为偏移量,CPU 的 GDTR 中的内容作为基地址,从段描述符表中取出相应的段描述符(包括 32 位段基地址、段界限和访问权等)。该描述符被存入描述符寄存器中。描述符中的段基地址(32 位)与指令给出的 32 位偏移地址相加得到线性地址,再通过分页机构进行变换,最后得到物理地址。

2.18 80386 访问存储器有哪两种方式? 各提供多大的地址空间?

解:实模式和保护模式。实模式可提供 $1MB(2^{20})$ 的寻址空间。保护模式可提供 $4GB(2^{32})$ 的线性地址空间和 $64TB(2^{46})$ 的虚拟存储器地址空间。

2.19 如果 GDT 寄存器值为 0013000000FFH,装入 LDTR 的选择符为 0040H,试问装入缓存 LDT 描述符的起始地址是多少?

解:根据(GDTR)= 0013000000FFH,得到全局描述符表的基地址为 00130000H;再根据 LDTR 选择符内容为 0040H(0000 0000 0100 0000B),得到索引值为 0 0000 0000 1000B,即 0008H。因为每个描述符为 8 个字节,故所装入的描述符在 GDT 中的偏移地址为(0008H−1)* 8=0038H。所以装入缓存的 LDT 描述符的起始地址为 00130038H。

2.20 页转换产生的线性地址的三部分各是什么?

解:页目录索引、页表索引和页内偏移。

2.21 选择符 022416H 装入了数据段寄存器,该值指向局部描述符表中从地址 00100220H 开始的段描述符。如果该描述符的内容为:

(00100220H)=10H, (00100221H)=22H
(00100222H)=00H, (00100223H)=10H
(00100224H)=1CH, (00100225H)=80H
(00100226H)=01H, (00100227H)=01H

则段基址和段界限各为多少?

解:把题目给出的内容按描述符格式写为如下:

31   0

0001 0000	*0000 0000*	**0010 0010**	**0001 0000**
0000 0001	0000 **0001**	1000 0000	*0001 1100*

64   32

根据段描述符的构成可知,段基地址为 0000 0001 0001 1100 0001 0000 0000 0000B(见上图中斜黑体字部分),写成十六进制数为 011C1000H。段界限为 0001 0010 0010 0001 0000B(见上图中黑体字部分),写成十六进制数为 12210H。

2.22 Pentium 4 的基本程序执行环境包含了哪些寄存器?

解:参见教材图 2-27。

第 3 章 8086/8088 指令系统

3.1 什么叫寻址方式？8086/8088 CPU 共有哪几种寻址方式？

解：寻址方式主要是指获得操作数所在地址的方法。8086/8088 CPU 具有：立即寻址、直接寻址、寄存器寻址、寄存器间接寻址、寄存器相对寻址、基址—变址寻址、基址—变址—相对寻址以及隐含寻址等 8 种寻址方式。

3.2 设 DS ＝ 6000H，ES ＝ 2000H，SS ＝ 1500H，SI ＝ 00A0H，BX ＝ 0800H，BP ＝ 1200H，字符常数 VAR 为 0050H。请分别指出下列各条指令源操作数的寻址方式？并计算除立即寻址外的其他寻址方式下源操作数的物理地址。

(1) MOV AX,BX　　　　(2) MOV DL,80H

(3) MOV AX,VAR　　　 (4) MOV AX,VAR[BX][SI]

(5) MOV AL,'B'　　　　(6) MOV DI,ES：[BX]

(7) MOV DX,[BP]　　　(8) MOV BX,20H[BX]

解：(1) 寄存器寻址。因源操作数是寄存器，故寄存器 BX 就是操作数的地址。

(2) 立即寻址。操作数 80H 存放于代码段中指令码 MOV 之后。

(3) 立即寻址。

(4) 基址—变址—相对寻址。

$$操作数的物理地址 ＝ DS \times 16 + SI + BX + VAR$$
$$＝ 60000H + 00A0H + 0800H + 0050H$$
$$＝ 608F0H$$

(5) 立即寻址。

(6) 寄存器间接寻址。

$$操作数的物理地址 ＝ ES \times 16 + BX ＝ 20000H + 0800H ＝ 20800H$$

(7) 寄存器间接寻址。

$$操作数的物理地址 ＝ SS \times 16 + BP ＝ 15000H + 1200H ＝ 16200H$$

(8) 寄存器相对寻址。

$$操作数的物理地址 ＝ DS \times 16 + BX + 20H ＝ 60000H + 0800H + 20H ＝ 60820H$$

3.3 假设 DS ＝ 212AH，CS ＝ 0200H，IP ＝ 1200H，BX ＝ 0500H，位移量 DATA ＝ 40H，[217A0H] ＝ 2300H，[217E0H] ＝ 0400H，[217E2H] ＝ 9000H，试确定下列转移指令的转移地址。

(1) JMP BX

(2) JMP WORD PTR[BX]

(3) JMP DWORD PTR[BX+DATA]

解：转移指令分为段内转移和段间转移,根据其寻址方式的不同,又有段内的直接转移和间接转移,以及段间的直接转移和间接转移地址。对直接转移,其转移地址为当前指令的偏移地址(即 IP 的内容)加上位移量或由指令中直接得出;对间接转移,转移地址等于指令中寄存器的内容或由寄存器内容所指向的存储单元的内容。

(1) 段内间接转移。转移目标的物理地址=CS×16+BX

$$=02000H+0500H=02500H$$

(2) 段内间接转移。转移目标的物理地址=CS×16+[BX]

$$=CS+[217A0H]$$

$$=02000H+2300H=04300H$$

(3) 段间间接转移。转移目标的物理地址=[BX+DATA]

$$=[217E2H]×16+[217E0H]$$

$$=90000H+0400H=90400H$$

3.4 试说明指令 MOV BX,5[BX]与指令 LEA BX,5[BX]的区别。

解：前者是数据传送类指令,表示将数据段中以(BX+5)为偏移地址的 16 位数据送寄存器 BX。后者是取偏移地址指令,执行的结果是 BX=BX+5,即操作数的偏移地址为BX+5。

3.5 设堆栈指针 SP 的初值为 2300H,AX=50ABH,BX=1234H。执行指令PUSH AX 后,SP=?,再执行指令 PUSH BX 及 POP AX 之后,SP=? AX=? BX=?

解：堆栈指针 SP 总是指向栈顶,每执行一次 PUSH 指令 SP−2,执行一次 POP 指令SP+2。所以,执行 PUSH AX 指令后,SP=22FEH;再执行 PUSH BX 及 POP AX 后,SP=22FEH,AX=BX=1234H。

3.6 判断下列指令是否正确,若有错误,请指出并改正。

(1) MOV AH,CX   (2) MOV 33H,AL

(3) MOV AX,[SI][DI]   (4) MOV [BX],[SI]

(5) ADD BYTE PTR[BP],256   (6) MOV DATA[SI],ES：AX

(7) JMP BYTE PTR[BX]   (8) OUT 230H,AX

(9) MOV DS,BP   (10) MUL 39H

解：(1) 指令错。两操作数字长不相等。

(2) 指令错。MOV 指令不允许目标操作数为立即数。

(3) 指令错。在间接寻址中不允许两个间址寄存器同时为变址寄存器。

(4) 指令错。MOV 指令不允许两个操作数同时为存储器操作数。

(5) 指令错。ADD 指令要求两操作数等字长。

(6) 指令错。源操作数形式错,寄存器操作数不加段重设符。

(7) 指令错。转移地址的字长至少应是 16 位的。

(8) 指令错。对输入输出指令,当端口地址超出 8 位二进制数的表达范围时(即寻址的端口数超出 256 时),必须采用间接寻址。

(9) 指令正确。

(10) 指令错。MUL 指令不允许操作数为立即数。

3.7 已知 AL＝7BH，BL＝38H，试问执行指令 ADD AL，BL 后，AF、CF、OF、PF、SF 和 ZF 的值各为多少？

解：AF＝1，CF＝0，OF＝1，PF＝0，SF＝1，ZF＝0。

3.8 试比较无条件转移指令、条件转移指令、调用指令和中断指令有什么异同？

解：无条件转移指令的操作是无条件地使程序转移到指定的目标地址，并从该地址开始执行新的程序段，其转移的目标地址既可以是在当前逻辑段，也可以是在不同的逻辑段；条件转移指令是在满足一定条件下使程序转移到指定的目标地址，其转移范围很小，只能当前逻辑段的 －128～＋127 地址范围内。

调用指令是用于调用程序中常用到的功能子程序，是在程序设计中就设计好的。根据所调用过程入口地址的位置可将调用指令分为段内调用（入口地址在当前逻辑段内）和段间调用。在执行调用指令后，CPU 要保护断点。对段内调用是将其下一条指令的偏移地址压入堆栈，对段间调用则要保护其下一条指令的偏移地址和段基地址，然后将子程序入口地址赋给 IP（或 CS 和 IP）。

中断指令是因一些突发事件而使 CPU 暂时中止它正在运行的程序，转去执行一组专门的中断服务程序，并在执行完后返回原被中止处继续执行原程序，它是随机的。在响应中断后 CPU 不仅要保护断点（即 INT 指令下一条指令的段地址和偏移地址），还要将标志寄存器 FLAGS 压入堆栈保存。

3.9 试判断下列程序执行后，BX 中的内容。

```
MOV  CL,3
MOV  BX,0B7H
ROL  BX,1
ROR  BX,CL
```

解：该程序段是首先将 BX 内容不带进位位循环左移 1 位，再循环右移 3 位。即相当于将原 BX 内容不带进位位循环右移 2 位，故结果为：BX＝0C02DH。

3.10 按下列要求写出相应的指令或程序段：

(1) 写出两条使 AX 内容为 0 的指令；

(2) 使 BL 寄存器中的高 4 位和低 4 位互换；

(3) 屏蔽 CX 寄存器的 b11、b7 和 b3 位；

(4) 测试 DX 中的 b0 和 b8 位是否为 1。

解：(1)

```
MOV  AX,0
XOR  AX,AX                    ;AX 寄存器自身相异或,可使其内容清 0
```

(2)

```
MOV  CL,4
ROL  BL,CL                    ;将 BX 内容循环左移 4 位,可实现其高 4 位和低 4 位的互换
```

微型计算机原理与接口技术题解及实验指导（第 3 版）

(3)
```
AND   CX,0F777H        ;将 CX 寄存器中需屏蔽的位"与"0。也可用"或"指令实现
```
(4)
```
AND   DX,0101H         ;将需测试的位"与"1,其余"与"0屏蔽掉
CMP   DX,0101H         ;与 0101H 比较
JZ    ONE              ;若相等则表示 b0 和 b8 位同时为 1
      ⋮
```

3.11 分别指出以下两个程序段的功能:

(1)
```
MOV   CX,10
LEA   SI,FIRST
LEA   DI,SECOND
STD
REP   MOVSB
```

(2)
```
CLD
LEA   DI,[1200H]
MOV   CX,00FFH
XOR   AX,AX
REP   STOSW
```

解:(1)该段程序的功能是:将数据段中 FIRST 为首地址的 10 个字节数据按减地址方向传送到附加段 SECOND 为首址的单元中。

(2)将附加段中偏移地址为 1200H 单元开始的 00FFH×2 个单元清 0。

3.12 执行以下两条指令后,标志寄存器 FLAGS 的 6 个状态位各为什么状态?

```
MOV   AX,84A0H
ADD   AX,9460H
```

解:执行 ADD 指令后,6 个状态标志位的状态分别为:CF=1, ZF=0, SF=0, OF=1,PF=1,AF=0。

3.13 将+46 和−38 分别乘以 2,可用什么指令来完成? 如果除以 2 呢?

解:因为对二进制数,每左移一位相当于乘以 2,右移一位相当于除以 2。所以,将+46 和−38 分别乘以 2,可分别用逻辑左移指令(SHL)和算术左移指令(SAL)完成。SHL 指令针对无符号数,SAL 指令针对有符号数。

当然,也可以分别用无符号数乘法指令 MUL 和有符号数乘法指令 IMUL 完成。

如果是除以 2,则进行相反操作,即用逻辑右移指令 SHR 或无符号数除法指令 DIV 实现+46 除以 2 的运算,用算术右移指令 SAR 或有符号数除法指令 IDIV 实现−38 除以 2 的运算。

3.14 已知 AX＝8060H，DX＝03F8H，端口 PORT1 的地址是 48H，内容为 40H；PORT2 的地址是 84H，内容为 85H。请指出下列指令执行后的结果。

(1) OUT DX,AL

(2) IN AL,PORT1

(3) OUT DX,AX

(4) IN AX,48H

(5) OUT PORT2,AX

解：(1) 将 60H 输出到地址为 03F8H 的端口中；

(2) 从 PORT1 读入一个字节数据，执行结果：(AL)＝40H；

(3) 将 AX＝8060H 从地址为 03F8H 的端口输出；

(4) 由 48H 端口读入 16 位二进制数；

(5) 将 8060H 从地址为 85H 的端口输出。

3.15 试编写程序，统计 BUFFER 为起始地址的连续 200 个单元中 0 的个数。

解：将 BUFFER 为首地址的 200 个单元的数依次与 0 进行比较，若相等则表示该单元数为 0，统计数加 1；否则再取下一个数比较，直到 200 个单元数全部比较完毕为止。程序如下：

```
            LEA   SI,BUFFER      ;取 BUFFER 的偏移地址
            MOV   CX,200         ;数据长度送 CX
            XOR   BX,BX          ;存放统计数寄存器清 0
AGAIN: MOV   AL,[SI]        ;取一个数
            CMP   AL,0           ;与 0 比较
            JNE   GOON           ;不为 0 则准备取下一个数
            INC   BX             ;为 0 则统计数加 1
GOON:  INC   SI             ;修改地址指针
            LOOP AGAIN          ;若未比较完则继续比较
            HLT
```

3.16 写出完成下述功能的程序段：

(1) 从地址为 DS:0012H 的存储单元中传送一个数据 56H 到 AL 寄存器；

(2) 将 AL 中的内容左移两位；

(3) AL 的内容与字节单元 DS:0013H 中的内容相乘；

(4) 乘积存入字单元 DS:0014H 中。

解：(1)

```
MOV   BYTE PTR[0012H],56H
MOV   AL,[0012H]
```

(2)

```
MOV   CL,2
SHL   AL,CL
```

（3）

```
MUL   BYTE PTR[0013H]
```

（4）

```
MOV   [0014H],AX
```

3.17 若 AL＝96H,BL＝12H,在分别执行指令 MUL 和 IMUL 后,其结果是多少？
OF＝? CF＝?

解：MUL 是无符号数的乘法指令,它将两操作数视为无符号数；IMUL 是有符号数
的乘法指令,此时,两操作数被看作有符号数。在该题中,(AL)＝96H,其最高位为 1,是
负数。IMUL 指令的执行原理是先求出它的真值（即对它求补）,再做乘法运算。

执行 MUL BL 指令后,AX＝0A8CH,CF＝OF＝1。执行 IMUL BL 指令后,AX＝
F88CH,CF＝OF＝1。

第 4 章 汇编语言程序设计

4.1 请分别用 DB、DW、DD 伪指令写出在 DATA 开始的连续 8 个单元中依次存放数据 11H、22H、33H、44H、55H、66H、77H、88H 的数据定义语句。

解：DB、DW、DD 伪指令分别表示定义的数据为字节型、字类型及双字型。其定义形式分别为：

```
DATA DB 11H,22H,33H,44H,55H,66H,77H,88H
DATA DW 2211H,4433H,6655H,8877H
DATA DD 44332211H,88776655H
```

4.2 若程序的数据段定义如下,写出各指令语句执行后的结果：

```
DSEG SEGMENT
DATA1 DB 10H,20H,30H
DATA2 DW 10 DUP(?)
STRING DB '123'
DSEG ENDS
```

(1) MOV AL,DATA1
(2) MOV BX,OFFSET DATA2
(3) LEA SI,STRING
    ADD BX,SI

解：(1) 取变量 DATA1 的值。指令执行后,AL=10H。

(2) 变量 DATA2 的偏移地址。指令执行后,BX=0003H。

(3) 先取变量 STRING 的偏移地址送寄存器 SI,之后将 SI 的内容与 BX 的内容相加并将结果送 BX。指令执行后,SI=0017H；BX=0003H+0017H=001AH。

4.3 试编写求两个无符号 32 位数之和的程序。两数分别在 MEM1 和 MEM2 单元中,其和放在 SUM 单元。

解：

```
DSEG SEGMENT
MEM1 DW 1122H,3344H
MEM2 DW 5566H,7788H
```

```
        SUM DW 2 DUP (?)
        DSEG ENDS
        CSEG SEGMENT
               ASSUME CS: CSEG, DS: DSEG
        START: MOV   AX, DSEG
               MOV   DS, AX
               LEA   BX, MEM1
               LEA   SI, MEM2
               LEA   DI, SUM
               MOV   CL, 2
               CLC
        AGAIN: MOV   AX, [BX]
               ADC   AX, [SI]
               MOV   [DI], AX
               ADD   BX, 2
               ADD   SI, 2
               ADD   DI, 2
               LOOP AGAIN
               HLT
        CSEG ENDS
               END START
```

4.4 试编写程序,测试 AL 寄存器的第 4 位(bit4)是否为 0?

解:测试寄存器 AL 中某一位是否为 0,可使用 TEST 指令、AND 指令、移位指令等几种方法实现。

如:

```
TEST AL, 10H
JZ NEXT
   ⋮
NEXT: ⋯
```

或者:

```
MOV CL, 4
SHL AL, CL
JNC NEXT
   ⋮
NEXT: ⋯
```

4.5 试编写程序,将 BUFFER 中的一个 8 位二进制数的高四位和低四位分别转换为 ASCII 码,并按位数高低顺序存放在 ANSWER 开始的内存单元中。

解:

```
DSEG      SEGMENT
BUFFER  DB   ?                      ;要转换的数
```

```
ANSWER   DB    2 DUP(?)                    ;ASCII 码存放单元
DSEG     ENDS
CSEG     SEGMENT
         ASSUME CS:CODE,DS:DATA
START:   MOV    AX,DSEG
         MOV    DS,AX
         MOV    AL,BUFFER                  ;取出要转换的数
         MOV    CL,4
         AND    AL,0F0H                    ;保留高 4 位
         SHR    AL,CL                      ;移到低 4 位
         ADD    AL,30H                     ;转换为 ASCII 码
         CMP    AL,'9'
         JB     L1
         ADD    AL,7
L1:      MOV    ANSWER,AL                  ;保存高 4 位的 ASCII 码
         MOV    AL,BUFFER                  ;取出要转换的数
         AND    AL,0FH                     ;保留低 4 位
         ADD    AL,30H                     ;转换为 ASCII 码
         CMP    AL,'9'
         JB     L2
         ADD    AL,7
L2:      MOV    ANSWER+1,AL                ;保存低 4 位的 ASCII 码
         MOV    AH,4CH
         INT    21H
CSEG     ENDS
         END START
```

4.6 假设数据项定义如下：

```
DATA1 DB 'HELLO! GOOD MORNING!'
DATA2 DB   20 DUP(?)
```

用串操作指令编写程序段，使其分别完成以下功能：

(1) 从左到右将 DATA1 中的字符串传送到 DATA2 中；

(2) 传送完后，比较 DATA1 和 DATA2 中的内容是否相同；

(3) 把 DATA1 中的第 3 个和第 4 个字节装入 AX；

(4) 将 AX 的内容存入 DATA2＋5 开始的字节单元中。

解：(1)

```
MOV   AX,SEG DATA1
MOV   DS,AX
MOV   AX,SEG DATA2
MOV   ES,AX
LEA   SI,DATA1
LEA   DI,DATA2
```

```
MOV  CX,20
CLD
REP  MOVSB
```

(2)

```
LEA  SI,DATA1
LEA  DI,DATA2
MOV  CX,20
CLD
REPE CMPSB
```

(3)

```
LEA  SI,DATA1
ADD  SI,2
LODSW
```

(4)

```
LEA  DI,DATA2
ADD  DI,5
     STOSW
```

4.7 执行下列指令后,AX 寄存器中的内容是多少?

```
TABLE DW 10,20,30,40,50
ENTRY DW 3
   ⋮
MOV BX,OFFSET TABLE
ADD BX,ENTRY
MOV AX,[BX]
```

解:AX=1E00H。

4.8 编写程序段,将 STRING1 中的最后 20 个字符移到 STRING2 中(顺序不变)。

解:首先确定 STRING1 中字符串的长度,因为字符串的定义要求以 $ 符号结尾,可通过检测'$'符确定出字符串的长度,设串长度为 COUNT,则程序如下:

```
LEA  SI,STRING1
LEA  DI,STRING2
ADD  SI,COUNT-20
MOV  CX,20
CLD
REP  MOVSB
```

4.9 假设一个 48 位数存放在 DX:AX:BX 中,试编写程序段,将该 48 位数乘以 2。

解:可使用移位指令来实现。首先将 BX 内容逻辑左移一位,其最高位移入进位位 CF,之后 AX 内容带进位位循环左移,使 AX 的最高位移入 CF,而原 CF 中的内容(即 BX

的最高位)移入 AX 的最低位,最后再将 DX 内容带进位位循环左移一位,从而实现 AX 的最低位移入 DX 的最低位。

```
SHL  BX,1
RCL  AX,1
RCL  DX,1
```

4.10 试编写程序,比较 AX、BX、CX 中带符号数的大小,并将最大的数放在 AX 中。

解:比较带符号数的大小可使用符号数比较指令 JG 等。

```
       CMP   AX,BX
       JG    NEXT1
       XCHG  AX,BX
NEXT1  CMP   AX,CX
       JG    STO
       MOV   AX,CX
   STO HLT
```

4.11 若接口 03F8H 的第 1 位(b1)和第 3 位(b3)同时为 1,表示接口 03FBH 有准备好的 8 位数据,当 CPU 将数据取走后,b1 和 b3 就不再同时为 1 了。仅当又有数据准备好时才再同时为 1。

试编写程序,从上述接口读入 200 字节的数据,并顺序放在 DATA 开始的地址中。

解:即当从输入接口 03F8H 读入的数据满足×××× 1×1×B 时可以从接口 03FBH 输入数据。

```
       LEA   SI,DATA
       MOV   CX,200
NEXT:  MOV   DX,03F8H
       IN    AL,DX
       AND   AL,0AH      ;判断 b1 和 b3 位是否同时为 1
       CMP   AL,0AH
       JNZ   NEXT        ;b1 和 b3 位同时为 1 则读数据,否则等待
       MOV   DX,03FBH
       IN    AL,DX
       MOV   [SI],AL
       INC   SI
       LOOP  NEXT
       HLT
```

4.12 画图说明下列语句分配的存储空间及初始化的数据值。

(1) DATA1 DB 'BYTE',12,12H,2 DUP(0,?,3)

(2) DATA2 DW 4 DUP(0,1,2),?,- 5,256H

解:存储空间分配情况如图 1-4-1 所示。

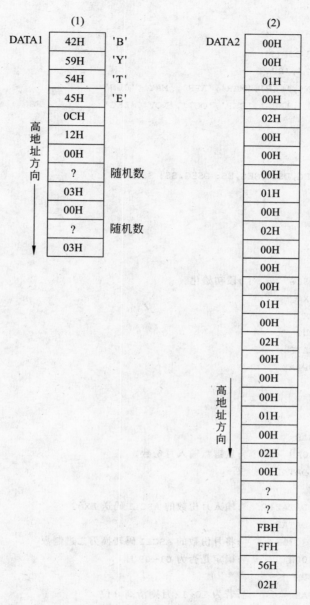

图 1-4-1 题 4.12 图

4.13 请用子程序结构编写如下程序：从键盘输入一个两位十进制的月份数（01～12），然后显示出相应的英文缩写名。

解：可根据题目要求编写如下几个子程序：

INPUT　　从键盘接收一个两位数，并将其转换为二进制数。

LOCATE　　通过字符表查找将输入数与英文缩写对应起来。

DISPLAY　　将缩写字母在屏幕上显示。

程序如下：

```
DSEG SEGMENT
DATA1 DB 3
DATA2 DB 3,?,3 DUP(?)
ALFMON DB '???','$'
MONTAB DB 'JAN','FEB','MAR','APR','MAY','JUN'
      DB 'JUL','AUG','SEP','OCT','NOV','DEC'
DSEG ENDS
;
CSEG SEGMENT
ASSUME CS: CSEG,DS: DSEG,ES: DSEG,SS: SSEG
;
MAIN PROC FAR
     PUSH DS
     XOR AX,AX
     PUSH AX
     MOV AX,DSEG          ;段初始化
     MOV DS,AX
     MOV ES,AX
     CALL INPUT
     CALL LOCATE
     CALL DISPLAY
     RET
MAIN ENDP
     ;
INPUT PROC NEAR
     MOV AH,0AH           ;从键盘输入月份数
     LEA DX,DATA2
     INT 21H
     MOV AH,DATA2+2       ;输入月份数的 ASCII 码送 AX
     MOV AL,DATA2+3
     XOR AX,3030H         ;将月份数的 ASCII 码转换为二进制数
     CMP AH,00H           ;确定是否为 01~09 月
     JZ RETURN
     SUB AH,AH            ;若为 10~12 月则清高 8 位
     ADD AL,10            ;转为二进制码
RETURN:
     RET
  INPUT ENDP
     ;
LOCATE PROC NEAR
     LEA SI,MONTAB
     DEC AL
     MUL DATA1            ;月份名为 3 个字符
     ADD SI,AX            ;指向月份对应的英文缩写字母的地址
```

```
        MOV CX,03H
        CLD
        LEA DI,ALFMON
        REP MOVSB
        RET
LOCATE ENDP
    ;
DISPLAY PROC
        LEA DX,ALFMON
        MOV AH,09H
        INT 21H
        RET
DISPLAY ENDP
    ;
    CSEG ENDS
      END MAIN
```

4.14 给出下列等值语句：

```
ALPHA   EQU 100
BETA    EQU 25
GRAMM   EQU 4
```

试求下列表达式的值：

(1) ALPHA×100＋BETA   (2) （ALPHA＋4）×BETA－2

(3) (BETA/3)MOD 5   (4) GRAMM OR 3

解:

(1) $10000＋25＝10025$

(2) $104×23＝2392$

(3) $(25/3)$ MOD $5＝3$

(4) 4 OR $3＝7$

4.15 图示以下数据段在存储器中的存放形式：

```
DATA SEGMENT
DATA1 DB 10H,34H,07H,09H
DATA2 DW 2 DUP(42H)
DATA3 DB 'HELLO!'
DATA4 EQU 12
DATA5 DD ABCDH
DATA ENDS
```

解: 见图 1-4-2。

DATA1	10H	
	34H	
	07H	
	09H	
DATA2	42H	
	00H	
	42H	
	00H	
DATA3	48H	H
	45H	E
	4CH	L
	4CH	L
	4FH	O
	21H	!
DATA5	0CDH	
	0ABH	
	00H	
	00H	

图 1-4-2 题 4.15 图

4.16 阅读下边的程序段,试说明它实现的功能是什么？

```
DATA SEGMENT
```

```
DATA1 DB 'ABCDEFG'
DATA ENDS
CODE SEGMENT
      ASSUME CS: CODE,DS: DATA
AAAA: MOV AX,DATA
      MOV DS,AX
      MOV BX,OFFSET DATA1
      MOV CX,7
NEXT: MOV AH,2
      MOV AL,[BX]
      XCHG AL,DL
      INC BX
      INT 21H
      LOOP NEXT
      MOV AH,4CH
      INT 21H
  CODE ENDS
      END AAAA
```

解：该程序段是将 ABCDEFG 这 7 个字母依次显示在屏幕上。

4.17　编写一程序段，把从 BUFFER 开始的 100 个字节的内存区域初始化成 55H、AAH、55H、AAH、…、55H、AAH。

解：可用串存储指令实现。

```
DSEG    SEGMENT
BUFFER DB 100 DUP(?)
DSEG    ENDS
CSEG    SEGMENT
        ASSUME CS: CSEG,DS: DSEG,ES: DSEG
BEGIN: MOV AX,DSEG
        MOV DS,AX
        MOV ES,AX
        MOV AX,0AA55H
        LEA DI,BUFFER
        CLD
        MOV CX,50
        REP STOSW
        HLT
    CSEG ENDS
        END BEGIN
```

4.18　有 16 字节的数据，编程序将其中第 2、5、9、14、15 字节的内容加 3，其余字节的内容乘 2（假定运算不会溢出）。

解：

```
DSEG    SEGMENT
DATA    DB 16 DUP(?)
DSEG    ENDS
CSEG    SEGMENT
        ASSUME CS:CSEG,DS:DSEG
BEGIN:  MOV AX,DSEG
        MOV DS,AX
        LEA SI,DATA
        MOV CL,0
AGAIN:  MOV AL,[SI]
        CMP CL,2
        JE ADDD
        CMP CL,5
        JE ADDD
        CMP CL,9
        JE ADDD
        CMP CL,14
        JE ADDD
        CMP CL,15
        JE ADDD
        SHL AL,1        ;不是第 2、5、9、14、15 字节,则乘 2
        JMP GOON
ADDD:   ADD AL,3        ;是第 2、5、9、14、15 字节,加 3
GOON:   MOV [SI],AL
        INC SI
        INC CL
        CMP CL,16
        JB AGAIN
        HLT
CSEG ENDS
        END BEGIN
```

4.19 编写计算斐波那契数列前 20 个值的程序。斐波那契数列的定义如下：

$$\begin{cases} F(0) = 0 \\ F(1) = 1 \\ F(n) = F(n-1) + F(n-2) \quad n \geqslant 2 \end{cases}$$

解：根据斐波那契数列的定义,将计算出的前 20 个值放在 DATA1 为首地址的内存单元中。程序如下：

```
DATA SEGMENT
DATA1 DB 0,1,18 DUP(?)
```

```
DATA ENDS
CODE SEGMENT
        ASSUME CS: CODE,DS: DATA
START: MOV AX,DATA
        MOV DS,AX
        LEA BX,DATA1
        MOV CL,18
        CLC
  NEXT: XOR AX,AX
        MOV AL,[BX]
        MOV DL,[BX+1]
        ADC AL,DL
        MOV [BX+2],AL
        INC BX
        DEC CL
        JNZ NEXT
        HLT
   CODE ENDS
        END START
```

4.20 试编写将键盘输入的 ASCII 码转换为二进制数的程序。

解:

```
DATA    SEGMENT
BUFFER DB 100 DUP(?)
DATA    ENDS
CODE    SEGMENT
        ASSUME CS: CODE,DS: DATA
START: MOV AX,DATA
        MOV DS,AX
NEXT:   LEA SI,BUFFER
        MOV AH,1               ;从键盘输入一个数
        INT 21H
        AND AL,7FH             ;去掉最高位
        CMP AL,'0'
        JB STO                 ;若小于 0 则不属于转换范围
        CMP AL,'9'
        JA ASCB1
        SUB AL,30H             ;对 0~9 之间的数减去 30H 转换为二进制数
        JMP ASCB2
ASCB1: CMP AL,'A'              ;对大于 9 的数再与 A 比较
        JB STO
        CMP AL,'F'
```

```
          JA STO
          SUB AL,37H          ;对 A~F 之间的数减去 37H 转换
ASCB2: MOV [SI],AL            ;转换结果存放在 BUFFER 为首地址的单元中
          INC SI
   STO: CMP AL,'$'
          JNE NEXT
          HLT
   CODE ENDS
          END START
```

第 5 章 存储器系统

5.1 什么是存储器系统？微机中的存储器系统主要分为哪几类？它们的设计目标是什么？

解：将两个或两个以上速度、容量和价格各不相同的存储器用软件、硬件或软硬件相结合的方法连接起来，成为一个系统。这个系统从程序员的角度看，它是一个存储器整体。所构成的存储器系统的速度接近于其中速度最快的那个存储器，存储容量与存储容量最大的那个存储器相等或接近，单位容量的价格接近最便宜的那个存储器。

现代微机系统中通常有两种存储系统，一种是由 cache 和主存储器构成的 cache 存储系统，另一种是由主存储器和磁盘构成的虚拟存储系统。cache 存储系统的设计目标主要是提高存取速度，虚拟存储系统的设计目标主要是扩大存储容量。

5.2 内部存储器主要分为哪两类？它们的主要区别是什么？

解：(1) 分为 ROM 和 RAM。

(2) 它们之间的主要区别是：

- ROM 在正常工作时只能读出，不能写入。RAM 则可读可写。
- 掉电后，ROM 中的内容不会丢失，RAM 中的内容会丢失。

5.3 为什么动态 RAM 需要定时刷新？

解：DRAM 的存储元以电容来存储信息，由于存在漏电现象，电容中存储的电荷会逐渐泄漏，从而使信息丢失或出现错误。因此需要对这些电容定时进行"刷新"。

5.4 CPU 寻址内存的能力最基本的因素取决于_____。

解：地址总线的宽度。

5.5 设构成一个存储器系统的两个存储器是 $M1$ 和 $M2$，其存储容量分别为 $S1$ 和 $S2$，访问速度为 $T1$、$T2$，每千字节的价格为 $C1$、$C2$。试问，在什么条件下，该存储器系统的每千字节的价格会接近于 $C2$？

解：因为整个存储器系统的单位容量平均价格为

$$C = \frac{C1 \times S1 + C2 \times S2}{S1 + S2}$$

所以，当 $S2 \gg S1$ 时，$C \approx C2$。即此时该存储器系统每千字节的价格会接近于 $C2$。

5.6 利用全地址译码将 6264 芯片接到 8088 系统总线上，使其所占地址范围为 32000H～33FFFH。

解：将地址范围展开成二进制形式为：

$$0011 \quad 0010 \quad 0000 \quad 0000 \quad 0000$$
$$\sim$$
$$0011 \quad 0011 \quad 1111 \quad 1111 \quad 1111$$

6264 芯片的容量为 8KB，需要 13 根地址线 A0～A12（见上图中虚线框内的部分）。由于为全地址译码，因此剩余的高 7 位地址都应作为芯片的译码信号。译码电路如图 1-5-1 所示。

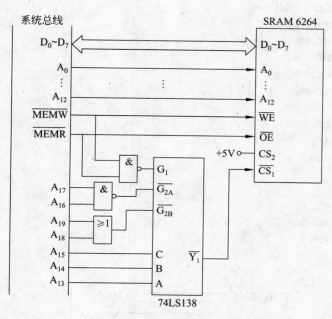

图 1-5-1　题 5.6 译码电路

5.7　内存地址从 20000H～8BFFFH 共有多少字节？

解：共有 8BFFFH－20000H＋1＝6C000H 个字节或 432KB。

5.8　若采用 6264 芯片构成上述的内存空间，需要多少片 6264？

解：每个 6264 芯片的容量为 8KB，故需 432/8＝54 片。

5.9　设某微型机的内存 RAM 区的容量为 128KB，若用 2164 芯片构成这样的存储器，需多少片 2164？至少需多少根地址线？其中多少根用于片内寻址？多少根用于片选译码？

解：(1) 每个 2164 芯片的容量为 64K×1，共需 128/64×8＝16 片。

(2) 128KB 容量需要地址线 17 根。

(3) 16 根用于片内寻址。

(4) 1 根用于片选译码。

注意，用于片内寻址的 16 根地址线要通过二选一多路器连到 2164 芯片，因为 2164 是 DRAM，高位地址与低位地址是分时传送的。

5.10　现有两片 6116 芯片，所占地址范围为 61000H～61FFFH，试将它们连接到 8088 系统中。并编写测试程序，向所有单元输入一个数据，然后再读出与之比较，若出错则显示"Wrong!",全部正确则显示"OK!"。

解：连接图如图 1-5-2 所示。测试程序段如下：

```
OK     DB   'OK!$'
WRONG DB   'Wrong!$'
       ⋮
       MOV  AX, 6100H
       MOV  ES, AX
       MOV  DI, 0
       MOV  CX, 1000H
       MOV  AL, 55H
       REP  STOSB
       MOV  DI, 0
       MOV  CX, 1000H
       REPZ SCASB
       JZ   DISP_OK
       LEA  DX, WRONG
       MOV  AH, 9
       INT  21H
       HLT
DISP_OK:
       LEA  DX, OK
       MOV  AH, 9
       INT  21H
       HLT
```

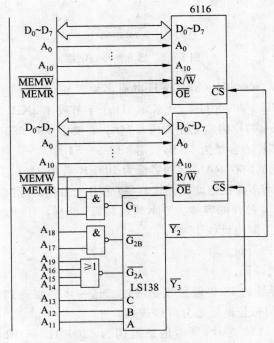

图 1-5-2　题 5.10 图

5.11　什么是字扩展？什么是位扩展？用户自己购买内存条进行内存扩充，是在进行何种存储器扩展？

解：(1) 当存储芯片每个单元的字长小于所需内存单元字长时，需要用多个芯片构成满足字长要求的存储模块，这就是位扩展。

(2) 当存储芯片的容量小于所需内存容量时，需要用多个芯片构成满足容量要求的存储器，这就是字扩展。

(3) 用户在市场上购买内存条进行内存扩充，所做的是字扩展的工作。

5.12　74LS138 译码器的接线如图 1-5-3 所示，试判断其输出端 Y_0、Y_3、Y_5 和 Y_7 所决定的内存地址范围。

解：因为是部分地址译码（A_{17}不参加译码），故每个译码输出对应 2 个地址范围：

Y_0#：00000H～01FFFH 和 20000H～21FFFH

Y_3#：06000H～07FFFH 和 26000H～27FFFH

Y_5#：0A000H～0BFFFH 和 2A000H～2BFFFH

Y_7#：0E000H～0FFFFH 和 2E000H～2FFFFH

5.13　某 8088 系统用 2764 ROM 芯片和 6264 SRAM 芯片构成 16KB 的内存。其中，ROM 的地址范围为 0FE000H～0FFFFFH，RAM 的地址范围为 0F000H～0F1FFFH。试利用 74LS138 译码，画出存储器与 CPU 的连接图，并标出总线信号名称。

解：连接图如图 1-5-4 所示。

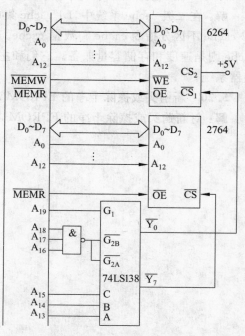

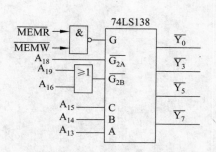

图 1-5-3　题 5.12 译码器连接图　　　　图 1-5-4　题 5.13 图

5.14 叙述 EPROM 的编程过程,并说明 EPROM 和 EEPROM 在应用中的不同之处。

解:(1) 对 EPROM 芯片的编程过程详见主教材 211 页。

(2) EPROM 与 EEPROM 的不同之处为:EPROM 用紫外线擦除,EEPROM 用电擦除;EPROM 是整片擦除,EEPROM 可以整片擦除,也可以一个一个字节地擦除。

5.15 试说明 FLASH EEPROM 芯片的特点及 28F040 的编程过程。

解:(1) 特点是:它结合了 RAM 和 ROM 的优点,读写速度接近于 RAM,掉电后内容又不会丢失。

(2) 28F040 的编程过程详见主教材 218 页。

5.16 什么是 cache?它能够极大地提高计算机的处理能力是基于什么原理?

解:(1) cache 是位于 CPU 与主存之间的高速小容量存储器。

(2) 基于程序和数据访问的局部性原理。

5.17 若主存 DRAM 的存取周期为 70ns,cache 的存取周期为 5ns,cache 的命中率为 90%,由它们构成的存储器的平均存取周期大约是多少?

解:平均存取周期约为 $70 \times 0.1 + 5 \times 0.9 = 11.5$(ns)。

5.18 如何解决 cache 与主存内容的一致性问题?

解:读和写各有两种方式,

读出:贯穿读出式和旁路读出式;

写入:写穿式和回写式。

5.19 在二级 cache 系统中,L1 cache 的主要作用是什么?L2 cache 呢?

解:在二级 cache 系统中,L1 cache 集成在 CPU 片内,分为指令 cache 和数据 cache。L2 cache 不区分指令 cache 和数据 cache。L1 cache 的主要作用是提高存取速度,而 L2 cache 则是速度和存储容量兼备。它们和主存一起,构成了具有三级存储结构的 cache 存储器系统。

5.20 新购买或擦除干净的 EPROM 芯片,其各单元的内容是什么?

解:对新购买或擦除干净的 EPROM 芯片,其各单元的内容为 0FFH。

第 **6** 章 输入输出和中断技术

6.1 输入输出系统主要由哪几个部分组成？主要有哪些特点？

解：输入输出系统主要由三个部分组成，即输入输出接口、输入输出设备、输入输出软件。

输入输出系统主要有 4 个特点：复杂性、异步性、时实性、与设备无关性。

6.2 I/O 接口的主要功能有哪些？有哪两种编址方式？在 8088/8086 系统中采用哪一种编址方式？

解：I/O 接口主要需具有以下几种功能：

（1）I/O 地址译码与设备选择。保证任一时刻仅有一个外设与 CPU 进行数据传送。

（2）信息的输入输出，并对外设随时进行监测、控制和管理。必要时，还可以通过 I/O 接口向 CPU 发出中断请求。

（3）命令、数据和状态的缓冲与锁存。以缓解 CPU 与外设之间工作速度的差异，保证信息交换的同步。

（4）信号电平与类型的转换。I/O 接口还要实现信息格式变换、电平转换、码制转换、传送管理以及联络控制等功能。

I/O 端口的编址方式通常有两种：一是与内存单元统一编址，二是独立编址。8088/8086 系统采用 I/O 端口独立编址方式。

6.3 试比较 4 种基本输入输出方法的特点。

解：在微型计算机系统中，主机与外设之间的数据传送有 4 种基本的输入输出方式：

- 无条件传送方式；
- 查询工作方式；
- 中断工作方式；
- 直接存储器存取（DMA）方式。

它们各自具有以下特点：

- 无条件传送方式适合于简单的、慢速的、随时处于"准备好"接收或发送数据的外部设备，数据交换与指令的执行同步，控制方式简单；
- 查询工作方式针对并不随时"准备好"，而需满足一定状态才能实现数据的输入输出的简单外部设备，其控制方式也较简单，但 CPU 的效率比较低；

- 中断工作方式是由外部设备作为主动的一方,在需要时向 CPU 提出工作请求,CPU 在满足响应条件时响应该请求并执行相应的中断处理程序。这种工作方式使 CPU 的效率较高,但控制方式相对较复杂;
- DMA 方式适合于高速外设,是 4 种基本输入输出方式中速度最高的一种。

6.4 主机与外部设备进行数据传送时,采用哪一种传送方式,CPU 的效率最高?

解:使用 DMA 传送方式 CPU 的效率最高。这是由 DMA 的工作性质所决定的。

6.5 某输入接口的地址为 0E54H,输出接口的地址为 01FBH,分别利用 74LS244 和 74LS273 作为输入和输出接口。试编写程序,使当输入接口的 b1、b4 和 b7 位同时为 1 时,CPU 将内存中 DATA 为首址的 20 个单元的数据从输出接口输出;若不满足上述条件则等待。

解:首先判断由输入接口读入数据的状态,若满足条件,则通过输出接口输出一个单元的数据;之后再判断状态是否满足,直到 20 个单元的数据都从输出接口输出。

```
        LEA   SI,DATA        ;取数据偏移地址
        MOV   CL,20          ;数据长度送 CL
AGAIN:  MOV   DX,0E54H
WAITT:  IN    AL,DX          ;读入状态值
        AND   AL,92H         ;屏蔽掉不相关位,仅保留 b1、b4 和 b7 位状态
        CMP   AL,92H         ;判断 b1、b4 和 b7 位是否全为 1
        JNZ   WAITT          ;不满足 b1、b4、b7 位同时为 1 则等待
        MOV   DX,01FBH
        MOV   AL,[SI]
        OUT   DX,AL          ;满足条件则输出一个单元数据
        INC   SI             ;修改地址指针
        LOOP  AGAIN          ;若 20 个单元数据未传送完则循环
```

6.6 为什么 74LS244 只能作为输入接口?而 74LS273 只能作为输出接口?

解:因为 74LS244 是三态门接口,只具有数据的控制能力,不具有数据的锁存能力,所以只能作为输入接口而不能用作输出接口;74LS273 是 8D 触发器,只具有数据的锁存能力,不具有数据的控制能力,所以只能作为输出接口。

6.7 利用 74LS244 作为输入接口(端口地址:01F2H)连接 8 个开关 $K_0 \sim K_7$,用 74LS273 作为输出接口(端口地址:01F3H)连接 8 个发光二极管。

(1) 画出芯片与 8088 系统总线的连接图,并利用 74LS138 设计地址译码电路。

(2) 编写实现下述功能的程序段:

① 若 8 个开关 $K_7 \sim K_0$ 全部闭合,则使 8 个发光二极管亮;

② 若开关高 4 位($K_4 \sim K_7$)全部闭合,则使连接到 74LS273 高 4 位的发光管亮;

③ 若开关低 4 位($K_3 \sim K_0$)闭合,则使连接到 74LS273 低 4 位的发光管亮;

④ 其他情况,不做任何处理。

解:(1) 芯片与 8088 系统总线的连接图如图 1-6-1 所示。

(2) 控制程序如下:

```
        MOV   DX,01F2H
        IN    AL,DX
        CMP   AL,0
        JZ    ZERO
        TEST  AL,0F0H
        JZ    HIGH
        TEST  AL,0FH
        JZ    LOWW
        JMP   STOP
ZERO:   MOV   DX,01F3H
        MOV   AL,0FFH
        OUT   DX,AL
        JMP   STOP
HIGH:   MOV   DX,01F3H
        MOV   AL,0F0H
        OUT   DX,AL
        JMP   STOP
LOWW:   MOV   DX,01F3H
        MOV   AL,0FH
        OUT   DX,AL
STOP:   HLT
```

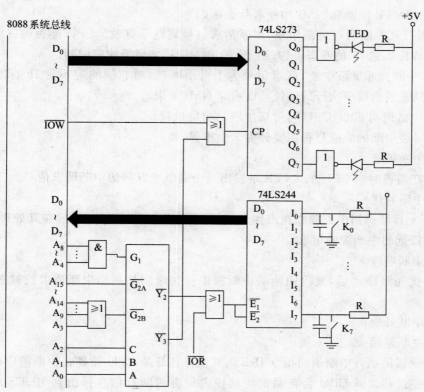

图 1-6-1　题 6.7 连接图

6.8 8088/8086 系统如何确定硬件中断服务程序的入口地址？

解：8088/8086 系统的硬件中断包括非屏蔽和可屏蔽两种中断请求。每个中断源都有一个与之相对应的中断类型码 n。系统规定所有中断服务子程序的首地址都必须放在中断向量表中，其在表中的存放地址＝$n \times 4$（向量表的段基地址为 0000H）。即子程序的入口地址为（0000H：$n \times 4$）开始的 4 个单元中，低位字（2 个字节）存放入口地址的偏移量，高位字存放入口地址的段基地址。

6.9 中断向量表的作用是什么？如何设置中断向量表？

解：中断向量表用于存放中断服务子程序的入口地址，位于内存的最低 1K 字节（即内存中 00000H～003FFH 区域），共有 256 个表项。

设置中断向量表就是将中断服务程序首地址的偏移量和段基址放入中断向量表中。

如：将中断服务子程序 CLOCK 的入口地址置入中断向量表的程序如下：

```
MOV  AX,0000H
MOV  DS,AX              ;置中断向量表的段基地址
MOV  SI,<中断类型码×4>  ;置存放子程序入口地址的偏移地址
MOV  AX,OFFSET CLOCK
MOV  [SI],AX           ;将子程序入口地址的偏移地址送入中断向量表
MOV  AX,SEG CLOCK
MOV  [SI+2],AX         ;将子程序入口地址的段基址送入中断向量表
```

6.10 INTR 中断和 NMI 中断有什么区别？

解：INTR 中断为可屏蔽中断，中断请求信号高电平有效。CPU 能否响应该请求要看中断允许标志位 IF 的状态，只有当 IF＝1 时，CPU 才可能响应中断。

NMI 中断为非屏蔽中断，请求信号为上升沿有效，对它的响应不受 IF 标志位的约束，CPU 只要当前指令执行结束就可以响应 NMI 请求。

6.11 试说明 8088 CPU 可屏蔽中断的响应过程。

解：屏蔽中断的响应过程主要分为 5 个步骤，即：

（1）中断请求

外设在需要时向 CPU 的 INTR 端发出一个高电平有效的中断请求信号。

（2）中断判优

若 IF＝1，则识别中断源并找出优先级最高的中断源先予以响应，在其处理完后，再响应级别较低的中断源的请求。

（3）中断响应

中断优先级确定后，发出中断的中断源中优先级别最高的中断请求就被送到 CPU 的中断。

（4）中断处理

（5）中断返回

中断返回需执行中断返回指令 IRET，其操作正好是 CPU 硬件在中断响应时自动保护断点的逆过程。即 CPU 会自动地将堆栈内保存的断点信息弹出到 IP、CS 和 FLAG 中，保证被中断的程序从断点处继续往下执行。

6.12 CPU 满足什么条件能够响应可屏蔽中断？

解：(1) CPU 要处于开中断状态，即 IF＝1，才能响应可屏蔽中断。

(2) 当前指令执行结束。

(3) 当前没有发生复位(RESET)、保持(HOLD)和非屏蔽中断请求(NMI)。

(4) 若当前执行的指令是开中断指令(STI)和中断返回指令(IRET)，则在执行完该指令后再执行一条指令，CPU 才能响应 INTR 请求。

(5) 对前缀指令，如 LOCK、REP 等，CPU 会把它们和它们后面的指令看作一个整体，直到这个整体指令执行完，方可响应 INTR 请求。

6.13 8259 有哪几种优先级控制方式？一个外部中断服务程序的第一条指令通常为 STI，其目的是什么？

解：8259 有两类优先级控制方式，即固定优先级和循环优先级方式。

CPU 响应中断时会自动关闭中断(使 IF＝0)。若进入中断服务程序后允许中断嵌套，则需用指令开中断(使 IF＝0)，故一个外中断服务程序的第一条指令通常为 STI。

6.14 试编写 8259 的初始化程序：系统中仅有一片 8259，允许 8 个中断源边沿触发，不需要缓冲，一般全嵌套方式工作，中断向量为 40H。

解：设 8259 的地址为 FF00H～FF01H。其初始化顺序为：ICW₁，ICQ₂，ICW₃，ICW₄。对单片 8259 系统，不需初始化 ICW₃。程序如下：

```
SET8259: MOV   DX,0FF00H      ;置 ICW1,A0=0
         MOV   AL,13H         ;单片,边沿触发,需要 ICW4
         OUT   DX,AL
         MOV   DX,0FF01H      ;置 ICW2,A0=1
         MOV   AL,40H         ;中断向量码=40H
         OUT   DX,AL
         MOV   AL,03H         ;ICW4,8086/8088模式,一般全嵌套,非缓冲
         OUT   DX,AL
         HLT
```

6.15 单片 8259 能够管理多少级可屏蔽中断？若用 3 片级联能管理多少级可屏蔽中断？

解：因 8259 有 8 位可屏蔽中断请求输入端，故单片 8259 能够管理 8 级可屏蔽中断。若用 3 片级联，即 1 片用作主控芯片，2 片作为从属芯片，每一片从属芯片可管理 8 级，则 3 片级联共可管理 22 级可屏蔽中断。

6.16 具备何种条件能够作为输入接口？具备何种条件能够作为输出接口？

解：对输入接口要求具有对数据的控制能力，对输出接口要求具有对数据的锁存能力。

6.17 已知 SP＝0100H，SS＝3500H，在 CS＝9000H，IP＝0200H，[00020H]＝7FH，[00021H]＝1AH，[00022H]＝07H，[00023H]＝6CH，在地址为 90200H 开始的连续两个单元中存放着一条两字节指令 INT 8。试指出在执行该指令并进入相应的中断例程时，SP、SS、IP、CS 以及 SP 所指单元的内容是什么？

解：CPU 在响应中断请求时首先要进行断点保护，即要依次将 FLAGS 和 INT 下一条指令的 CS、IP 寄存器内容压入堆栈，即栈顶指针减 6，而 SS 的内容不变。INT 指令是一条两字节指令，故其下一条指令的 IP＝0200H＋2＝0202H。

中断服务子程序的入口地址则存放在中断向量表(8×4)所指向的连续 4 个单元中。8×4＝0020H。所以，在执行中断指令并进入相应的中断例程时，以上各寄存器的内容分别为：

    SP＝0100H-6＝00FAH
    SS＝3500H
    IP＝[0020H]字单元内容＝1A7FH
    CS＝[0022H]字单元内容＝6C07H
    [SP]＝0202H

第 7 章 常用数字接口电路

7.1 一般来讲,接口芯片的读写信号应与系统的哪些信号相连?

解:一般来讲,接口芯片的读写信号应与系统总线信号中的 $\overline{\text{IOR}}$(接口读)或 $\overline{\text{IOW}}$(接口写)信号相连。

7.2 试说明 8253 的 6 种工作方式。其时钟信号 CLK 和门控信号 GATE 分别起什么作用?

解:可编程定时/计数器 8253 具有 6 种不同的工作方式,其中:

- 方式 0:软件启动、不自动重复计数。在写入控制字后 OUT 端变低电平,计数结束后 OUT 端输出高电平,可用来产生中断请求信号,故也称为计数结束产生中断的工作方式。

- 方式 1:硬件启动、不自动重复计数。所谓硬件启动是在写入计数初值后并不开始计数,而是要等门控信号 GATE 出现由低到高的跳变后,在下一个 CLK 脉冲的下降沿才开始计数,此时 OUT 端立刻变为低电平。计数结束后,OUT 端输出高电平,得到一个宽度为计数初值 N 个 CLK 脉冲周期宽的负脉冲。

- 方式 2:既可软件启动,也可以硬件启动。可自动重复计数。
  在写入控制字后,OUT 端变为高电平。计数到最后一个时钟脉冲时 OUT 端变为低电平,再经过一个 CLK 周期,计数值减到零,OUT 又恢复为高电平。之后再自动装入计数初值,并重新开始新的一轮计数。方式 2 下 OUT 端会连续输出宽度为 T_{clk} 的负脉冲,其周期为 $N \times T_{\text{clk}}$,所以方式 2 也称为分频器,分频系数为计数初值 N。

- 方式 3:也是一种分频器,也可有两种启动方式,自动重复计数。当计数初值 N 为偶数时,连续输出对称方波(即 $N/2$ 个 CLK 脉冲低电平,$N/2$ 个 CLK 脉冲高电平),频率为 $(1/N) \times T_{\text{clk}}$。若 N 为奇数,则输出波形不对称,其中 $(N+1)/2$ 个时钟周期高电平,$(N-1)/2$ 个时钟周期低电平。

- 方式 4 和方式 5:都在计数结束后输出一个 CLK 脉冲周期宽的负脉冲,且均为不自动重复计数方式。区别在方式 4 是软件启动,而方式 5 为硬件启动。

- 时钟信号 CLK:8253 芯片的工作基准信号。GATE 信号为门控信号。在软件启动时要求 GATE 在计数过程中始终保持高电平;而对硬件启动的工作方式,要求在写入计数初值后 GATE 端出现一个由低到高的正跳变,启动计数。

7.3 8253可编程计数器有两种启动方式,在软件启动时,要使计数正常进行,GATE端必须为(　　)电平,如果是硬件启动呢?

解:在软件启动时,要使计数正常进行,GATE端必须为(高)电平;如果是硬件启动,则要在写入计数初值后使GATE端出现一个由低到高的正跳变,以启动计数。

7.4 若8253芯片的接口地址为D0D0H~D0D3H,时钟信号频率为2MHz。现利用计数器0、1、2分别产生周期为 $10\mu s$ 的对称方波及每 1ms 和 1s 产生一个负脉冲,试画出其与系统的电路连接图,并编写包括初始化在内的程序。

解:根据题目要求可知,计数器0(CNT0)工作于方式3,计数器1(CNT1)和计数器2(CNT2)工作于方式2。时钟频率2MHz,即周期为 $0.5\mu s$,从而得出各计数器的计数初值分别为:

$$CNT0 \quad 10\mu s/0.5\mu s=20$$
$$CNT1 \quad 1ms/0.5\mu s=2000$$
$$CNT2 \quad 1s/0.5\mu s=2\times10^6$$

显然,计数器2的计数初值已超出了16位数的表达范围,需经过一次中间分频,可将OUT1端的输出脉冲作为计数器2的时钟频率。这样,CNT2的计数初值就等于 1s/1ms=1000。线路连接如图1-7-1所示。

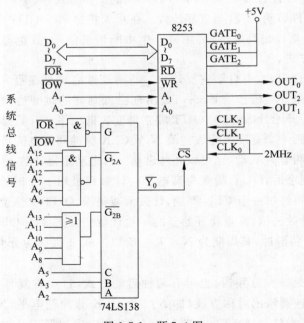

图1-7-1 题7.4图

8253的初始化程序如下:

```
MOV  DX,0D0D3H
MOV  AL,16H        ;计数器0,低8位计数,方式3
OUT  DX,AL
MOV  AL,74H        ;计数器1,双字节计数,方式2
OUT  DX,AL
```

```
        MOV   AL,0B4H              ;计数器 2,双字节计数,方式 2
        OUT   DX,AL
        MOV   DX,0D0D0H
        MOV   AL,20               ;送计数器 0 计数初值
        OUT   DX,AL
        MOV   DX,0D0D1H
        MOV   AX,2000             ;送计数器 1 计数初值
        OUT   DX,AL
        MOV   AL,AH
        OUT   DX,AL
        MOV   DX,0D0D2H
        MOV   AX,1000             ;送计数器 2 计数初值
        OUT   DX,AL
        MOV   AL,AH
        OUT   DX,AL
```

7.5 某一计算机应用系统采用 8253 的计数器 0 作频率发生器,输出频率为 500Hz;用计数器 1 产生 1000Hz 的连续方波信号,输入 8253 的时钟频率为 1.19MHz。试问:初始化时送到计数器 0 和计数器 1 的计数初值分别为多少?计数器 1 工作于什么方式下?

解:计数器 0 工作于方式 2,其计数初值=1.19MHz/500Hz=2380

计数器 1 工作于方式 3,其计数初值=1.19MHz/1kHz=1190

7.6 若要求 8253 用软件产生一次性中断,最好采用哪种工作方式?现用计数器 0 对外部脉冲计数,每计满 10 000 个产生一次中断,请写出工作方式控制字及计数值。

解:若 8253 用软件产生一次性中断,最好采用方式 0,即计数结束产生中断的工作方式。但若要求每满 10 000 个脉冲产生一次中断,则表示具有重复中断的功能,因此,此时应使计数器 0 工作于方式 3,即连续方波输出方式。其方式控制字为:0011×110B(×表示可以是 0 或 1),计数初值=10000。

7.7 试比较并行通信与串行通信的特点。

解:并行通信是在同一时刻发送或接收一个数据的所有二进制位。其特点是接口数据的通道宽,传送速度快,效率高。但硬件设备的造价较高,常用于高速度、短传输距离的场合。

串行通信是将数据一位一位地传送。其特点是传送速度相对较慢,但设备简单,需要的传输线少,成本较低。所以常用于远距离通信。

7.8 8255 各端口可以工作在几种方式下?当端口 A 工作在方式 2 时,端口 B 和 C 工作于什么方式下?

解:8255 各端口均可以工作在方式 0 和方式 1 下,而 A 口则可以工作在方式 0、方式 1 及方式 2 三种方式下。当端口 A 工作在方式 2 时,端口 B 可工作于方式 0 或方式 1,端口 C 的剩余端只能工作于方式 0。

7.9 在对 8255 的 C 口进行初始化为按位置位或复位时,写入的端口地址应是(   )地址。

解:应是(8255 的内部控制寄存器)地址。

7.10 某 8255 芯片的地址范围为 A380H～A383H,工作于方式 0,A 口、B 口为输出

口,现欲将 PC$_4$ 置"0",PC$_7$ 置"1",试编写初始化程序。

解:该 8255 芯片的初始化程序包括置方式控制字及 C 口的按位操作控制字。程序如下:

```
MOV   DX,0A383H      ;内部控制寄存器地址送 DX
MOV   AL,80H         ;方式控制字
OUT   DX,AL
MOV   AL,08H         ;PC4 置 0
OUT   DX,AL
MOV   AL,0FH         ;PC7 置 1
OUT   DX,AL
```

7.11 设 8255 的接口地址范围为 03F8H～03FBH,A 组 B 组均工作于方式 0,A 口作为数据输出口,C 口低 4 位作为控制信号输入口,其他端口未使用。试画出该片 8255 与系统的电路连接图,并编写初始化程序。

解:8255 芯片与系统的电路连接如图 1-7-2 所示。

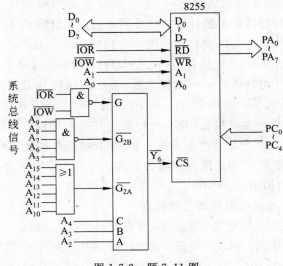

图 1-7-2 题 7.11 图

由题目知,不需对 C 口置位控制字,只需对 8255 置方式控制字,故其初始化程序如下:

```
MOV   DX,03FBH
MOV   AL,81H
OUT   DX,AL
```

7.12 已知某 8088 微机系统的 I/O 接口电路框图如图 1-7-3 所示。试完成:

(1) 根据图中接线,写出 8255、8253 各端口的地址。

(2) 编写 8255 和 8253 的初始化程序。其中,8253 的 OUT$_1$ 端输出 100Hz 方波,8255 的 A 口为输出,B 口和 C 口为输入。

(3) 为 8255 编写一个 I/O 控制子程序,其功能为:每调用一次,先检测 PC$_0$ 的状态,

—————————— 微型计算机原理与接口技术题解及实验指导(第 3 版)

若 $PC_0=0$,则循环等待;若 $PC_0=1$,可从 PB 口读取当前开关 K 的位置(0～7),经转换计算从 A 口的 PA_0～PA_3 输出该位置的二进制编码,供 LED 显示。

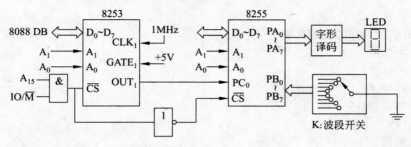

图 1-7-3　题 7.12 图

解:(1) 8255 的地址范围为:8000H～FFFFH。

8253 的地址范围为:0000H～7FFFH。

(2)

```
;初始化 8255
MOV   DX,8003H
MOV   AL,8BH                  ;方式控制字,方式 0,A 口输出,B 口和 C 口输入
OUT   DX,AL
;初始化 8253
MOV   DX,0003H                ;内部寄存器口地址
MOV   AL,76H                  ;计数器 1,先写低 8 位/后写高 8 位,方式 3,二进制计数
OUT   DX,AL
MOV   DX,0001H                ;计数器 1 端口地址
MOV   AX,10000               ;设计数初值=10000
OUT   DX,AL
MOV   AL,AH
OUT   DX,AL
```

(3)

```
;8255 控制子程序
;定义显示开关位置的字形译码数据
DATA SEGMENT
BUFFER DB 3FH,06H,5BH,0FH,66H,6DH,7CH,07H
DATA ENDS
;
CODE SEGMENT
      ASSUME CS:CODE,DS:DATA
MAIN  PROC
      PUSH DS
      MOV  AX,DATA
      MOV  DS,AX
```

```
        CALL DISP
        POP  DS
        RET
MAIN ENDP
  ;输出开关位置的二进制码程序
DISP PROC
        PUSH CX
        PUSH SI
        XOR  CX,CX
        CLC
        LEA  SI,BUFFER
        MOV  DX,8002H
WAITT:IN  AL,DX
        TEST AL,01H
        JZ   WAITT
        MOV  DX,8001H
        IN   AL,DX
NEXT: SHR  AL,1
        INC  CX
        JC   NEXT
        DEC  CX
        ADD  SI,CX
        MOV  AL,[SI]
        MOV  DX,8000H
        OUT  DX,AL
        POP  SI
        POP  CX
        RET
  DISP ENDP
  CODE ENDS
        END  MAIN
```

7.13 试说明串行通信的数据格式。

解：串行通信通常包括两种方式，即同步通信和异步通信。二者因通信方式的不同而有不同的数据格式，其数据格式可参见主教材图 7-2 和图 7-3。

7.14 串行通信接口芯片 8250 的给定地址为 83A0H～83A7H，试画出其与 8088 系统总线的连接图。若采用查询方式由该 8250 发送当前数据段、偏移地址为 BUFFER 的顺序 100 个字节的数据，试编写发送程序。

解：8250 与系统连接如图 1-7-4 所示。假设要写入除数锁存器的除数为 96，即 0060H。程序如下：

```
;8250 的初始化程序
BEGIN: MOV  DX,83A3H          ;通信控制寄存器地址
        MOV  AL,80H           ;使通信控制寄存器的 D7=1
```

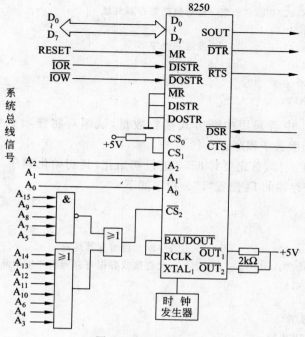

图 1-7-4 题 7.14 图

```
        OUT   DX,AL
        MOV   DX,83A0H            ;除数锁存器地址
        MOV   AL,60H             ;除数为 0060H
        OUT   DX,AL              ;写除数低 8 位
        INC   DX
        MOV   AL,0
        OUT   DX,AL              ;写除数高 8 位
        MOV   DX,83A3H           ;通信控制寄存器地址
        MOV   AL,0AH             ;1 位停止位,7 位数据位,奇校验
        OUT   DX,AL              ;初始化通信控制寄存器
        MOV   DX,83A4H           ;MODEM 控制寄存器地址
        MOV   AL,03H             ;使 DTR 和 RTS 有效
        OUT   DX,AL
        MOV   DX,83A1H           ;中断允许寄存器地址
        MOV   AL,0               ;禁止所有中断
        OUT   DX,AL
;数据发送程序
SENDATA: LEA  SI,BUFFER
        MOV   CX,100
WAITT:  MOV   DX,83A5H           ;通信状态寄存器地址
        IN    AL,DX
        TEST  AL,20H             ;检查发送数据寄存器是否空
        JZ    WAITT
```

```
        MOV   DX,83A0H           ;发送数据寄存器地址
        MOV   AL,[SI]
        OUT   DX,AL               ;发送一个字节
        INC   SI
        DEC   CX
        JNZ   WAITT
```

7.15 题 7.14 中若采用中断方式接收数据,试编写将接收到的数据放在数据段 DATA 单元的中断服务子程序。

解:同题 7.14 一样,首先要对 8250 进行初始化,其初始化程序与上题基本相同,只是要将中断允许寄存器的 D_0 位置"1"。程序如下:

```
BEGIN: …
       ⋮
        MOV   DX,83A1H           ;中断允许寄存器地址
        MOV   AL,01H             ;允许接收数据寄存器满产生中断
        OUT   DX,AL
        STI
;接收数据子程序
RECDATA:   PUSH AX
           PUSH BX
           PUSH DX
           PUSH DS
           MOV   DX,83A5H
           IN    AL,DX
           MOV   AH,AL             ;保存接收状态
           MOV   DX,83A0H
           IN    AL,DX             ;读入接收到的数据
           AND   AL,7FH
           TEST  AH,1EH            ;检查有无错误产生
           JNZ   DO_NOTHING
SAVEDATA:  MOV   DX,SEG DATA
           MOV   DS,DX
           MOV   SI,OFFSET DATA
           MOV   [SI],AL
DO_NOTHING: MOV  DX,中断控制器 8259 端口地址
           MOV   AL,20H            ;发送中断结束命令给 8259
           OUT   DX,AL
           POP   DS
           POP   DX
           POP   BX
           POP   AX
           STI
           IRET
```

第 **8** 章 模拟量的输入输出

8.1 试说明将一个工业现场的非电物理量转换为计算机能够识别的数字信号主要需经过哪几个过程？

解：将工业现场的非电物理量转换为计算机能够识别的数字信号的过程就是模拟量的输入信道，主要需经过以下几个环节：

(1) 由传感器将非电的物理量转换为电信号或可进一步处理的电阻值、电压值等。

(2) 变送器将传感器输出的微弱电信号或电阻值等非电量转换成统一的电信号。

(3) 信号处理。去除叠加在变送器输出信号上的干扰信号，并将其进行放大或处理成与 A/D 转换器所要求的输入相适应的电压水平。

(4) 如果是多路模拟信号共享一个 A/D 转换器，则需添加多路转换开关。

(5) 采样保持。因完成一次 A/D 转换需要一定的时间，而转换期间要求保持输入信号不变，所以增加采样保持电路，以保证在转换过程中输入信号始终保持在其采样时的值。

(6) A/D 变换。将输入的模拟信号转换为计算机能够识别的数字信号。

8.2 什么是 A/D 转换器？什么是 D/A 转换器？它们的主要作用是什么？

解：A/D 转换器是模拟量转换为数字量的集成电路芯片，在模拟量的输入信道中用于将工业现场采集的模拟信号转换为计算机能够识别的数字信号。常用于数据采集系统。

D/A 转换器的功能正好相反，它是将计算机输出的数字量转换为模拟信号，用以驱动执行机构。

8.3 D/A 转换器主要有哪些技术指标？影响其转换误差的主要因素是什么？

解：D/A 转换器主要技术指针有：分辨率、转换精度、转换时间、线性误差和动态范围等。

影响其转换误差的主要因素除由位数产生的转换误差（即分辨率）外，还有非线性误差、温度系数误差、电源波动误差及运算放大器误差等。

8.4 对于一个 10 位的 D/A 转换器，其分辨率是多少？如果输出满刻度电压值为 5V，那么一个最低有效位对应的电压值等于多少？

解：D/A 变换器的分辨率 $=1/(2^n-1)\times100\%$。

所以,一个 10 位的 D/A 变换器的分辨率＝$1/1023 \times 100\% \approx 0.0978\%$。

(分辨率也可用 D/A 变换器的位数表示,即可以说该 D/A 变换器的分辨率是 10 位。)

若输出满刻度电压值为 5V,则其一个 LSB 对应的电压值＝$5/(2^n-1)＝5/1023 \approx 4.89$mV。

8.5 某一测控系统要求计算机输出模拟控制信号的分辨率必须达到 0.1%,则应选用的 DA 芯片的位数至少是多少?

解:因为 D/A 芯片的分辨率＝$1/(2^n-1) \times 100\%$

所以,要使计算机输出模拟控制信号的分辨率达到 0.1%,则应选用的 DA 芯片的位数至少是 10 位。

8.6 DAC0832 在逻辑上由哪几个部分组成?可以工作在哪几种模式下?不同工作模式在线路连接上有什么区别?

解:DAC0832 在逻辑上包括一个 8 位的输入寄存器、一个 8 位的 DAC 寄存器和一个 8 位的 D/A 转换器等 3 个部分。可以工作在 3 种模式下,即:双缓冲模式、单缓冲模式及直通模式。

在双缓冲模式下,CPU 对 DAC0832 要进行两步写操作:先将数据写入输入寄存器,再将输入寄存器的内容写入 DAC 寄存器,并进行一次变换。即此时 DAC0832 占用两个接口地址,可将 ILE 固定接＋5V,$\overline{WR_1}$、$\overline{WR_2}$ 接到 $\overline{IOW}$,$\overline{CS}$ 和 $\overline{XFER}$ 分别接到两个端口的地址译码信号线。

当工作于单缓冲模式时,数据写入输入寄存器后将直接进入 DAC 寄存器,并进行一次变换。此时 DAC0832 仅占用一个接口地址,故在线路连接上,只需通过 ILE、$\overline{WR_1}$ 和 $\overline{CS}$ 进行控制,通常仍将 ILE 固定接＋5V,$\overline{WR_1}$ 接 $\overline{IOW}$,$\overline{CS}$ 接到地址译码器的输出端。$\overline{WR_2}$ 和 $\overline{XFER}$ 直接接地。

直通工作方式是将 $\overline{CS}$、$\overline{WR_1}$、$\overline{WR_2}$ 以及 $\overline{XFER}$ 引脚都直接接数字地,ILE 接＋5V,芯片处于直通状态,只要有数字量输入,就立刻转换为模拟量输出。

8.7 如果要求同时输出 3 路模拟量,则 3 片同时工作的 DAC0832 最好采用哪一种工作模式?

解:考虑到 3 路模拟量需同步输出,可使 3 片 DAC0832 工作于双缓冲模式。使 3 路数字量先分别锁存到 3 片 DAC0832 的输入寄存器,再同时打开各自的 DAC 寄存器,使 3 路模拟量同时输出。

8.8 某 8 位 D/A 转换器,输出电压为 0～5V。当输入的数字量为 40H、80H 时,其对应的输出电压分别是多少?

解:当输出电压为 0V 时,对应的数字量输入为 00H;输出为 5V 时,输入为 FFH。

所以,当输入的数字量为 40H、80H 时,其对应的输出电压分别约为 1.255V 和 2.451V。

8.9　ADC0809 是完成什么功能的芯片？试说明它的转换原理。

解：ADC0809 是完成将输入模拟量转换为数字量输出的集成电路芯片。其工作原理为逐位反馈型（或称逐位逼近型）。内部主要由逐次逼近寄存器、D/A 转换器、电压比较器和一些时序控制逻辑电路等组成。逐次逼近寄存器的位数就是 ADC0809 的位数。转换开始前，先将逐次逼近寄存器各位清零，然后设其最高位为 1（即为10000000B），逐次逼近寄存器中的数字量经 D/A 转换器转换为相应的模拟电压 V_c，并与模拟输入电压 V_x 进行比较，若 $V_x \geqslant V_c$，则逐次逼近寄存器中最高位的 1 保留，否则就将最高位清零。然后再使次高位置 1，进行相同的过程，……，直到逐次逼近寄存器的所有位都被确定。转换过程结束后，该寄存器中的二进制码就是 A/D 转换器的输出。

8.10　设 DAC0832 工作在单缓冲模式下，端口地址为 034BH，输出接运算放大器。试画出其与 8088 系统的线路连接图，并编写输出三角波的程序段。

解：DAC0832 工作在单缓冲模式下与系统的线路连接图如图 1-8-1 所示。

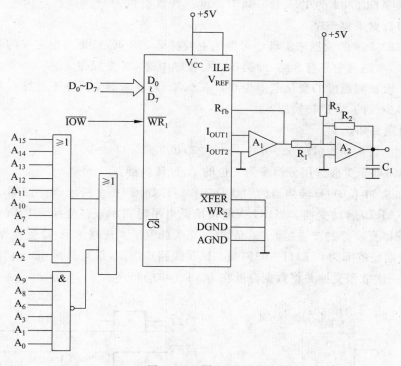

图 1-8-1　题 8.10 图

因 DAC0832 为 8 位，故其最大输出对应的二进制码是 0FFH，而最小输出对应 00H。利用该芯片输出连续的三角波的程序如下：

```
START: MOV  DX,034BH
NEXT1: INC  AL
       OUT  DX,AL
```

```
        CMP   AL,0FFH        ;比较是否达到最大值
        JNE   NEXT1
NEXT2:  DEC   AL             ;达到最大值则减1
        OUT   DX,AL
        CMP   AL,00H         ;比较是否达到最小值
        JNE   NEXT2
        JMP   NEXT1
```

8.11 对 8 位、10 位和 12 位的 A/D 变换器,当满刻度输入电压为 5V 时,其量化间隔各为多少?绝对量化误差又为多少?

解:量化间隔分别为:$\Delta = 5V/255 \approx 19.6mV$ 绝对量化误差:$\Delta/2 \approx 9.8$

$$\Delta = 5V/1023 \approx 4.89mV \qquad \Delta/2 \approx 2.45$$

$$\Delta = 5V/4095 \approx 1.22mV \qquad \Delta/2 \approx 0.61$$

8.12 某工业现场的三个不同点的压力信号经压力传感器、变送器及信号处理环节等分别送入 ADC0809 的 IN_0、IN_1 和 IN_2 端。计算机巡回检测这三点的压力并进行控制。试编写数据采集程序。

解:ADC0809 的数据采集程序可参见主教材第 343 页,只是书中完成的是对 8 路模拟量的采集,本题目中只有 3 路,即第 343 页程序中的 CX 要赋值 3。

8.13 设被测温度的变化范围为 0℃～100℃,若要求测量误差不超过 0.1℃,应选用分辨率为多少位的 A/D 转换器?

解:由题目知,

$$(1/2)\Delta = 0.1 \longrightarrow (1/2)(100/2^n - 1) = 0.1$$

从而得 $n \approx 9$,即至少应选用分辨率为 9 位的 A/D 转换器。

8.14 某 11 位 A/D 转换器的引线及工作时序如图 1-8-2 所示,利用不小于 $1\mu s$ 的后沿脉冲(START)启动变换。当 $\overline{BUSY}$ 端输出低电平时表示正在变换,$\overline{BUSY}$ 变高则变换结束。为获得变换好的二进制数据,必须使 $\overline{OE}$ 为低电平。现将该 A/D 变换器与 8255 相连,8255 的地址范围为 03F4H～03F7H。试画线路连接图,编写包括 8255 初始化程序在内的、完成一次数据变换并将数据存放在 DATA 中的程序。

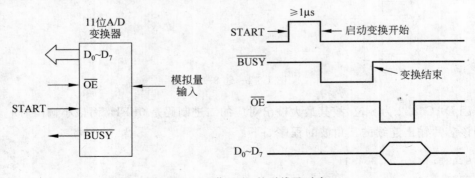

图 1-8-2 11 位 A/D 的引线及时序

解：A/D 变换器通过 8255 与系统的线路连接如图 1-8-3 所示。

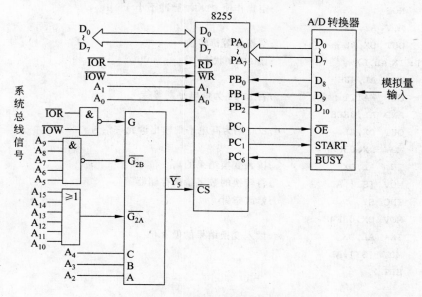

图 1-8-3　A/D 转换器与系统连接图

程序设计如下：

```
;8255 的初始化程序
INIT PROC NEAR
     PUSH DX
     PUSH AX
     MOV  DX,03F7H
     MOV  AL,9AH          ;方式 0,A、B 口输入,C 口高 4 位输入,低 4 位输出
     OUT  DX,AL
     MOV  AL,01H          ;PC0 初始置 1
     OUT  DX,AL
     MOV  AL,02H
     OUT  DX,AL           ;PC1 初始置 0
     POP  AX
     POP  DX
     RET
INIT ENDP
     ;完成一次数据采集程序
START: MOV AX,SEG DATA
     MOV  DS,AX
     MOV  SI,OFFSET DATA
     CALL INIT            ;初始化 8255
     MOV  DX,03F6H
     MOV  AL,03H          ;输出 START 信号
```

```
        OUT DX,AL
        NOP                       ;空操作使 START 脉冲不小于 1μs
        MOV AL,01H
        OUT DX,AL                 ;空操作等待转换
WAITT:  IN AL,DX                  ;读 BUSY 状态
        AND AL,40H
        JZ  WAITT                 ;若 BUSY 为低电平则等待
        AND AL,0FEH
        OUT DX,AL                 ;EOC 端为高电平则输出读允许信号 OE=0
        MOV DX,03F5H
        IN  AL,DX                 ;读入变换结果的高 3 位
        MOV [SI],AL               ;将转换的数字量送存储器
        INC SI                    ;修改指针
        MOV DX,03F4H
        IN  AL,DX                 ;读入变换结果的低 8 位
        MOV [SI],AL
        HLT
```

第二部分

实 验 指 导

第 1 章　汇编语言程序设计实验

1.1　汇编语言程序设计的实验环境及上机步骤

1.1.1　实验环境

汇编语言程序设计的实验环境如下。

1. 硬件环境

微型计算机(Intel x86 系列 CPU)1 台。

2. 软件环境

- Windows 98/XP/Me/2000 操作系统;
- 任意一种文本编辑器(EDIT、NOTEPAD(记事本)、UltraEDIT 等);
- 汇编程序(MASM. EXE 或 TASM. EXE);
- 链接程序(LINK. EXE 或 TLINK. EXE);
- 调试程序(DEBUG. EXE 或 TD. EXE)。

本书建议文本编辑器使用 EDIT 或 NOTEPAD,汇编程序使用 MASM. EXE,链接程序使用 LINK. EXE,调试程序使用 TD. EXE。

1.1.2　上机步骤

汇编语言程序设计的实验 2 和实验 3 仅使用 TD. EXE,关于 TD. EXE 的使用方法请参见附录 B。下面介绍的上机实验步骤适用于除实验 2 和实验 3 的所有实验(包括硬件接口部分的全部实验)。

1. 确定源程序的存放目录

建议源程序存放的目录名为 ASM,并放在 C 盘或 D 盘的根目录下。如果没有创建过此目录,请用如下方法创建。

通过 Windows 的资源管理器找到 C 盘的根目录,在 C 盘的根目录窗口中单击右键,在弹出的菜单中选择"新建"→"文件夹",并把新建的文件夹命名为 ASM。

请把 MASM.EXE、LINK.EXE、DEBUG.EXE 和 TD.EXE 都复制到此目录中。

2. 建立 ASM 源程序

建立 ASM 源程序可以使用 EDIT 或 NOTEPAD(记事本)文本编辑器。下面的例子说明了用 EDIT 文本编辑器来建立 ASM 源程序的步骤(假定要建立的源程序名为 HELLO.ASM),用 NOTEPAD(记事本)建立 ASM 源程序的步骤与此类似。

在 Windows 中单击桌面左下角的"开始"按钮,选择"运行",在弹出的窗口中输入 EDIT.COM C:\ASM\HELLO.ASM,屏幕上出现 EDIT 的编辑窗口,如图 2-1-1 所示。

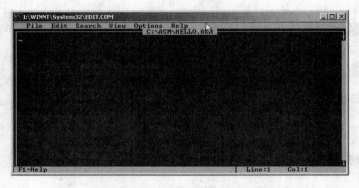

图 2-1-1　EDIT 编辑窗口

窗口标题行显示了 EDIT 程序的完整路径名。紧接着标题行下面的是菜单行,窗口最下面一行是提示行。菜单可以用 Alt 键激活,然后用方向键选择菜单项,也可以直接用 Alt+F 组合键打开 File 文件菜单,用 Alt+E 组合键打开 Edit 编辑菜单,等等。

如果键入 EDIT 命令时已带上了源程序文件名(C:\ASM\HELLO.ASM),在编辑窗口上部就会显示该文件名。如果在键入 EDIT 命令时未给出源程序文件名,则编辑窗口上会显示 UNTITLED1,表示文件还没有名字,在这种情况下保存源程序文件时,EDIT 会提示输入要保存的源程序的文件名。

编辑窗口用于输入源程序。EDIT 是一个全屏幕编辑程序,故可以使用方向键把光标定位到编辑窗口的任何一个地方。EDIT 中的编辑键和功能键符合 Windows 的标准,这里不再赘述。

源程序输入完毕后,用 Alt+F 组合键打开 File 菜单,用其中的 Save 功能将文件存盘。如果在键入 EDIT 命令时未给出源程序文件名,则这时会弹出一个 Save as 窗口,在这个窗口中输入你想要保存的源程序的路径和文件名(本例中为 C:\ASM\HELLO.ASM)。

注意,汇编语言源程序文件的扩展名最好起名为.ASM,这样能给后面的汇编和连接操作带来很大的方便。

3. 用 MASM. EXE 汇编源程序产生 OBJ 目标文件

源文件 HELLO. ASM 建立后,要使用汇编程序对源程序文件汇编,汇编后产生二进制的目标文件(. OBJ 文件)。具体操作如下:

方法一：在 Windows 中操作

用资源管理器打开源程序目录 C：\ASM,把 HELLO. ASM 拖到 MASM. EXE 程序图标上。

方法二：在 DOS 命令提示符窗口中操作

选择"开始"→"程序"→"附件"→"命令提示符",打开 DOS 命令提示符窗口,然后用 CD 命令转到源程序目录下,接着输入 MASM 命令：

```
I：>C：<回车>
C：>CD\ASM<回车>
C：\ASM>MASM HELLO.ASM<回车>
```

操作时的屏幕显示如图 2-1-2 所示。

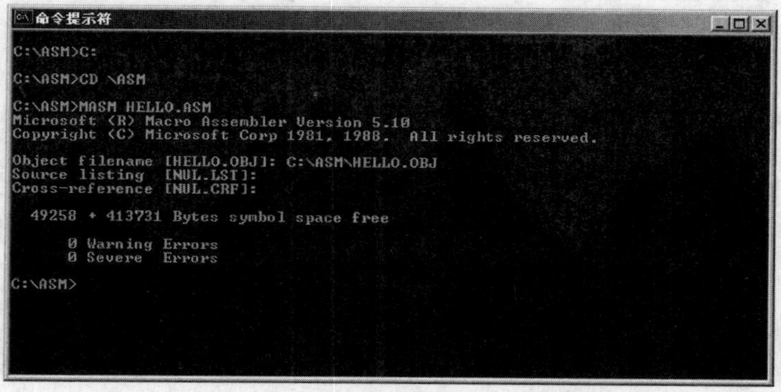

图 2-1-2　在 DOS 命令提示符窗口中操作

不管用以上两个方法中的哪个方法,进入 MASM 程序后,都会提示让你输入目标文件名(Object filename),并在方括号中显示默认的目标文件名,建议输入目标文件的完整路径名,如：C：\ASM\HELLO. OBJ<回车>。后面的两个提示为可选项,直接按回车。注意,若打开 MASM 程序时未给出源程序名,则 MASM 程序会首先提示让你输入源程序文件名(Source filename),此时输入源程序文件名 HELLO. ASM 并回车,然后进行的操作与上面完全相同。

如果没有错误,MASM 就会在当前目录下建立一个 HELLO. OBJ 文件(名字与源文件名相同,只是扩展名不同)。如果源文件有错误,MASM 会指出错误的行号和错误的原因。图 2-1-3 是在汇编过程中检查出两个错误的例子。

在这个例子中,可以看到源程序的错误类型有两类:

- 一类是警告(Warning)。警告不影响程序的运行,但可能会得出错误的结果。此例中无警告错误。

- 另一类是错误(Errors)。对于错误，MASM 将无法生成 OBJ 文件。此例中有两个严重错误。

在错误信息中，圆括号里的数字为有错误的行号(在此例中，两个错误分别出现在第 6 行和第 9 行)，后面给出了错误类型及具体错误原因。如果出现了严重错误，必须重新进入 EDIT 编辑器，根据错误的行号和错误原因来改正源程序中的错误，直到汇编没有错为止。

注意，汇编程序只能指出程序的语法错误，而无法指出程序逻辑的错误。

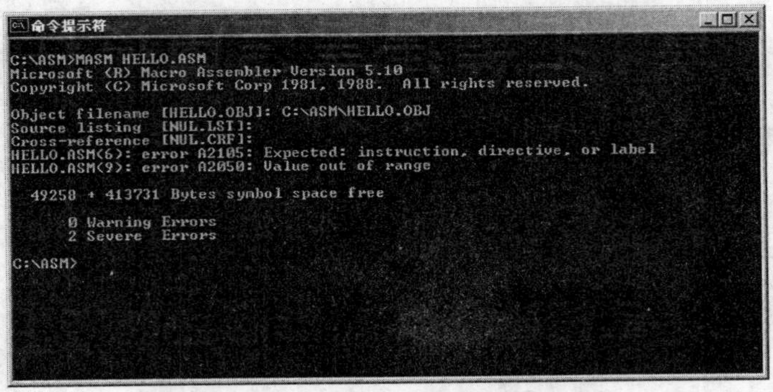

图 2-1-3 有错误的汇编过程例子

4. 用 LINK. EXE 产生 EXE 可执行文件

在上一步骤中，汇编程序产生的是二进制目标文件(OBJ 文件)，并不是可执行文件，要想使编写的程序能够运行，还必须用链接程序(LINK. EXE)把 OBJ 文件转换为可执行的 EXE 文件。具体操作如下。

方法一：在 Windows 中操作

用资源管理器打开源程序目录 C：\ASM，把 HELLO. OBJ 拖到 LINK. EXE 程序图标上。

方法二：在 DOS 命令提示符窗口中操作

选择"开始"→"程序"→"附件"→"命令提示符"，打开 DOS 命令提示符窗口，然后用 CD 命令转到源程序目录下，接着输入 LINK 命令：

```
I: >C: <回车>
    C: >CD\ASM<回车>
    C: \ASM>LINK HELLO.OBJ<回车>
```

操作时的屏幕显示如图 2-1-4 所示。

不管用以上两个方法中的哪个方法，进入 LINK 程序后，都会提示让你输入可执行文件名(Run file)，并在方括号中显示默认的可执行文件名，建议输入可执行文件的完整路径名，如：C：\ASM\HELLO. EXE<回车>。后面的两个提示为可选项，直接按回车。注意，若打开 LINK 程序时未给出 OBJ 文件名，则 LINK 程序会首先提示让你输入 OBJ 文件名(Object Modules)，此时输入 OBJ 文件名 HELLO. OBJ 并回车，然后进行的操作与上面完全相同。

如果没有错误，LINK 就会建立一个 HELLO. EXE 文件。如果 OBJ 文件有错误，LINK 会指出错误的原因。对于无堆栈警告（Warning：NO STACK segment）信息，可以不予理睬，它不影响程序的执行。如链接时有其他错误。须检查修改源程序，重新汇编、连接，直到正确。

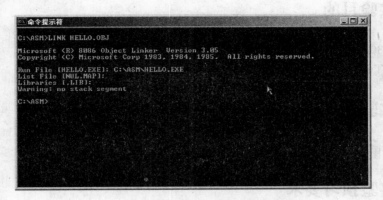

图 2-1-4　把 OBJ 文件连接成可执行文件

5. 执行程序

建立了 HELLO. EXE 文件后，就可以直接在 DOS 下运行此程序，如下所示：

C: >HELLO<回车>
C: >_

程序运行结束后，返回 DOS。如果运行结果正确且程序已把结果直接显示在屏幕上，那么程序运行结束时结果也就得到了。如果程序不显示结果，我们如何知道程序是否正确呢？例如，这里的 HELLO. EXE 程序并未显示出结果，所以我们不知道程序执行的结果是否正确。这时，就要使用 TD. EXE 调试工具来查看运行结果。此外，大部分程序必须经过调试阶段才能纠正程序执行中的错误，调试程序时也要使用 TD. EXE。有关如何使用 TD. EXE 程序的简要说明请读者参阅本书附录 B。

1.1.3　实验简介

本实验指导书将实验分为两大部分：汇编语言程序设计实验和硬件接口实验。为了与"微机原理与接口技术"课程的内容同步，本书中的实验在顺序上基本按课程内容的先后次序排列。全书共计 18 个实验，其中有 14 个属于基础性的，另外 5 个（带有 * 号的）属于提高性的。教师可根据课程时数及授课内容选择其中的一部分供学生进行实验。

另外要注意一点，本书的实验中，汇编语言程序设计部分的实验 2 到实验 5 只需在 TD. EXE 下进行，而其他的实验则需要按照完整的汇编语言程序设计的步骤进行。

1.2 实验 1：数据传送

1.2.1 实验目的

1. 熟悉 8086 指令系统的数据传送指令及 8086 的寻址方式。
2. 利用 Turbo Debugger 调试工具来调试汇编语言程序。

1.2.2 实验设备

IBM-PC 微型计算机 1 台。

1.2.3 实验预习要求

1. 复习 8086 指令系统中的数据传送类指令和 8086 的寻址方式。
2. 预习 Turbo Debugger 的使用方法（见附录 B）：
① 如何启动 Turbo Debugger；
② 如何在各窗口之间切换；
③ 如何查看或修改寄存器、状态标志和存储单元的内容；
④ 如何输入程序段；
⑤ 如何单步运行程序段和用设置断点的方法运行程序段。
3. 按照题目要求预先编写好实验中的程序段。

1.2.4 实验内容

1. 通过下述程序段的输入和执行来熟悉 Turbo Debugger 的使用，并通过显示器屏幕观察程序的执行情况。练习程序段如下：

```
MOV  BL,08H
MOV  CL,BL
MOV  AX,03FFH
MOV  BX,AX
MOV  DS:[0020H],BX
```

【操作步骤】
(1) 启动 Turbo Debugger(TD. EXE)
(2) 使 CPU 窗口为当前窗口
(3) 输入程序段：
• 利用 ↑、↓ 方向键移动光条来确定输入位置，然后从光条所在的地址处开始输入,强烈建议把光标移到 **CS：0100H** 处开始输入程序。

- 在光标处直接键入练习程序段指令,键入时屏幕上会弹出一个输入窗口,这个窗口就是指令的临时编辑窗口。每输入完一条指令,按回车,输入的指令即可出现在光条处,同时光条自动下移一行,以便输入下一条指令。例如:

```
MOV  BL,08H↙   (↙表示回车键)
MOV  CL,BL↙
```

小窍门:窗口中前面曾经输入过的指令均可重复使用,只要用方向键把光标定位到所需的指令处,按回车即可。

（4）执行程序段:

① 用单步执行的方法执行程序段。

- 使 IP 寄存器指向程序段的开始处。方法如下:

把光条移到程序段开始的第一条指令处,按 Alt＋F10 组合键,弹出 CPU 窗口的局部菜单,选择"New CS：IP"项,按 Enter 键,这时 CS 和 IP 寄存器(在 CPU 窗口中用▶符号表示,▶符号指向的指令就是当前要执行的指令)就指向了当前光条所在的指令。

- 另一种方法是直接修改 IP 的内容为程序段第一条指令的偏移地址。

用 F7(Trace into)或 F8(为 Step over)单步执行程序段。每按一次 F7 或 F8 键,就执行一条指令。按 F7 或 F8 键直到程序段的所有指令都执行完为止,这时光条停在程序段最后一条指令的下一行上。(F7 和 F8 键的区别是:若执行的指令是 CALL 指令,F7 会单步执行进入到子程序中,而 F8 则会把子程序执行完,然后停在 CALL 指令的下一条指令处。)

② 用设置断点的方法执行程序段。

a) 把光条移到程序段最后一条指令的下一行,按 F2 键设置断点。

b) 用①中的方法使 IP 寄存器指向程序段的开始处。

c) 按 F4 键或 F9 键运行程序段,CPU 从 IP 指针开始执行到断点位置停止。

（5）检查各寄存器和存储单元的内容。

寄存器窗口显示在 CPU 窗口的右部,寄存器窗口中直接显示了各寄存器的名字及其当前内容。在单步执行程序时可随时观察寄存器内容的变化。

存储器窗口显示在 CPU 窗口的下部,若要检查存储单元的内容,可连续按 Tab 键使存储器窗口为当前窗口,然后按 Alt＋F10 组合键,弹出局部菜单。选择 GOTO 项,然后输入要查看的存储单元的地址,如"DS：20H ↙",存储器窗口就会从该地址处开始显示存储区域的内容。注意,每行显示 8 个字节单元的内容。

2. 用以下程序段将一组数据压入(PUSH)堆栈区,然后通过三种不同的出栈方式出栈,看出栈后数据的变化情况,并把结果填入表 2-1-1 中。程序段如下:

```
MOV  AX,0102H
MOV  BX,0304H
MOV  CX,0506H
MOV  DX,0708H
```

```
PUSH  AX
PUSH  BX
PUSH  CX
PUSH  DX
```

第一种出栈方式如下：

```
POP  DX
POP  CX
POP  BX
POP  AX
```

第二种出栈方式如下：

```
POP  AX
POP  BX
POP  CX
POP  DX
```

第三种出栈方式如下：

```
POP  CX
POP  DX
POP  AX
POP  BX
```

表 2-1-1　出栈后数据的变化

	第一种出栈方式	第二种出栈方式	第三种出栈方式
AX=			
BX=			
CX=			
DX=			

3. 指出下列指令的错误并加以改正,上机验证之。

(1) MOV [BX],[SI]

(2) MOV AH,BX

(3) MOV AX,[SI][DI]

(4) MOV BYTE PTR[BX],2000H

(5) MOV CS,AX

(6) MOV DS,2000H

4. 设置各寄存器及存储单元的内容如下:

BX=0010H,SI=0001H

[0010H]=12H,[0011H]=34H,[0012H]=56H,[0013H]=78H

[0120H]=0ABH,[0121H]=0CDH,[0122H]=0EFH

说明下列各条指令执行完后 AX 寄存器中的内容,并上机验证。

(1) MOV AX,1200H

(2) MOV AX,BX

(3) MOV AX,[0120H]

(4) MOV AX,[BX]

(5) MOV AX,0110H[BX]

(6) MOV AX,[BX][SI]

(7) MOV AX,0110H[BX][SI]

5. 将 DS:1000H 字节存储单元中的内容送到 DS:2020H 单元中存放。试分别用 8086 的直接寻址、寄存器间接寻址、寄存器相对寻址传送指令编写程序段,并上机验证结果。

6. 设 AX 寄存器中的内容为 1111H,BX 寄存器中的内容为 2222H,DS:0010H 单元中的内容为 3333H。将 AX 寄存器中的内容与 BX 寄存器中的内容交换,然后再将 BX 寄存器中的内容与 DS:0010H 单元中的内容进行交换。试编写程序段,并上机验证结果。

7. 设 DS=1000H,ES=2000H,有关存储器的内容如图 2-1-5 所示。要求将图中所示 DS 段 1000H 字单元的内容传送到 AX 寄存器,ES 段 2000H 字单元的内容传送到 BX 寄存器,试写出相关指令。

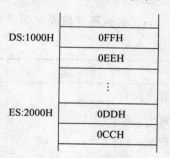

图 2-1-5 第 7 题图

1.2.5 实验报告要求

1. 写明本次实验内容和实验步骤。
2. 整理出运行正确的各题源程序段和运行结果。
3. 写出第 3 题中改正后的正确指令。
4. 小结 Turbo Debugger 的使用方法。

1.3 实验 2：算术逻辑运算及移位操作

1.3.1 实验目的

1. 熟悉算术逻辑运算指令和移位指令的功能。
2. 了解标志寄存器各标志位的意义和指令执行对它的影响。
3. 熟悉在 PC 上建立、汇编、链接、调试和运行 8086 汇编语言程序的全过程。

1.3.2 实验设备

IBM-PC 微型计算机 1 台。

1.3.3　实验预习要求

1. 复习 8086 指令系统中的算术逻辑类指令和移位指令。

2. 认真阅读预备知识中汇编语言的上机步骤的说明,熟悉汇编程序的建立、汇编、连接、执行、调试的全过程。

3. 按照题目要求在实验前编写好实验中的程序段。

1.3.4　实验内容

1. 实验程序段及结果表格,见表 2-1-2。

表 2-1-2　程序段及结果

标　志　位	CF	ZF	SF	OF	PF	AF
程序段1:	0	0	0	0	0	0
MOV　AX, 1018H						
MOV　SI, 230AH						
ADD　AX, SI						
ADD　AL, 30H						
MOV　DX, 3FFH						
ADD　AX, BX						
MOV　WORD PTR [20H], 1000H						
ADD　[20H], AX						
PUSH　AX						
POP　BX						
程序段2:	0	0	0	0	0	0
MOV　AX, 0A0AH						
ADD　AX, 0FFFFH						
MOV　CX, 0FF00H						
ADC　AX, CX						
SUB　AX, AX						
INC　AX						
OR　CX, 0FFH						
AND　CX, 0F0FH						
MOV　[10H], CX						

标 志 位	CF	ZF	SF	OF	PF	AF
程序段 3：	0	0	0	0	0	0
MOV BL, 25H						
MOV BYTE PTR[10H], 4						
MOV AL, [10H]						
MUL BL						
程序段 4：	0	0	0	0	0	0
MOV WORD PTR[10H],80H						
MOV BL, 4						
MOV AX, [10H]						
DIV BL						
程序段 5：	0	0	0	0	0	0
MOV AX, 0						
DEC AX						
ADD AX, 3FFFH						
ADD AX, AX						
NOT AX						
SUB AX, 3						
OR AX, 0FBFDH						
AND AX, 0AFCFH						
SHL AX,1						
RCL AX,1						

操作步骤如下：

（每个程序段均按以下步骤操作。）

（1）打开文本编辑器 EDIT 或 NOTEPAD,定义逻辑段。

汇编语言源程序框架是编写汇编语言程序的基本模式,每个汇编语言源程序的编写都离不开这个框架。本实验的程序段中,不需要定义具体的变量,但由于程序中需要将数据写入内存单元,因此需要在数据段中定义一定容量的数据区,以便于数据的写入。本实验程序框架如下：

```
DSEG   SEGMENT          ;定义数据段
NUM    DB 100H DUP(?)   ;定义数据区
DSEG   ENDS             ;数据段定义结束
CSEG   SEGMENT          ;定义代码段
```

```
        ASSUME CS: CSEG,DS: DSEG
START: MOV AX,DSEG
        MOV DS,AX
```

进入 Turbo Debugger，在 CPU 窗口下输入程序段。

(2) 把各标志位的初值均设置为 0。

(3) 把 IP 指针指向程序段开始处。

(4) 单步运行程序，在表 2-1-2 中记录每条指令执行后的标志位变化情况。

(5) 分析每条指令执行后的结果及其对标志位的影响。

2. 用 BX 寄存器作为地址指针，从 BX 所指的内存单元(0010H)开始连续存入三个无符号数(10H、04H、30H)，接着计算内存单元中的这三个数之和，和放在 0013H 单元中，再求出这三个数之积，积放在 0014 单元中。写出完成此功能的程序段并上机验证结果。

3. 写出完成下述功能的程序段。上机验证你写出的程序段，程序运行的最后结果 AX＝？

(1) 传送 15H 到 AL 寄存器；

(2) 再将 AL 的内容乘以 2；

(3) 接着传送 15H 到 BL 寄存器；

(4) 最后把 AL 的内容乘以 BL 的内容。

4. 写出完成下述功能的程序段。上机验证你写出的程序段，程序运行后的商＝？

(1) 传送数据 2058H 到 DS:1000H 单元中，数据 12H 到 DS:1002H 单元中；

(2) 把 DS:1000H 单元中的数据传送到 AX 寄存器；

(3) 把 AX 寄存器的内容算术右移二位；

(4) 再把 AX 寄存器的内容除以 DS:1002H 字节单元中的数；

(5) 最后把商存入字节单元 DS:1003H 中。

5. 下面的程序段用来清除数据段中从偏移地址 0010H 开始的 12 个字存储单元的内容(即将零送到这些存储单元中去)。

(1) 将第 4 条比较指令语句填写完整(划线处)。

```
        MOV  SI,0010H
NEXT: MOV  WORD PTR[SI],0
        ADD  SI,2
        CMP  SI,_____
        JNE  NEXT
        HLT
```

(2) 假定要按高地址到低地址的顺序进行清除操作(高地址从 0020H 开始)，则上述程序段应如何修改？

上机验证以上两个程序段并检查存储单元的内容是否按要求进行了改变。

6. 输入并运行表 2-1-3 中的程序段，把结果填入表右边的空格中，并分析结果，说明本程序段的功能是什么。

微型计算机原理与接口技术题解及实验指导(第 3 版)

表 2-1-3　实验内容 6

程　序　段	字单元(1A00H)＝	字单元(1A02H)＝
MOV　WORD PTR[1A00H], 0AA55H		
MOV　WORD PTR [1A02H], 2AD5H		
SHL　WORD PTR[1A02H],1		
CMP　WORD PTR [1A00H], 8000H		
CMC		
RCL　WORD PTR[1A02H],1		
RCL　WORD PTR[1A00H],1		

1.3.5　实验报告要求

1. 整理出运行正确的各题源程序段和运行结果。
2. 回答题目中的问题。
3. 简要说明 ADD、SUB、AND、OR 指令对标志位的影响。
4. 简要说明一般移位指令与循环移位指令之间的主要区别。

1.4　实验 3：串操作

1.4.1　实验目的

1. 熟悉串操作指令的功能及串操作指令的使用方法。
2. 学习 8086 汇编语言程序的基本结构。
3. 熟悉在 PC 上建立、汇编、链接、调试和运行 8086 汇编语言程序的全过程。

1.4.2　实验设备

IBM-PC 微型计算机 1 台。

1.4.3　实验预习要求

1. 复习 8086 指令系统中的串操作类指令。
2. 认真阅读预备知识中汇编语言的上机步骤的说明,熟悉汇编程序的建立、汇编、连接、执行、调试的全过程。
3. 根据本实验的编程提示及题目要求在实验前编写好实验中的程序段。

1.4.4 编程提示

1. 定义逻辑段时,所定义的数据段或附加段的缓冲区大小及缓冲区起始地址应与实际的操作需要一致。例如定义如下附加段:

```
<附加段名>  SEGMENT          ;定义附加段
ORG 1000H                    ;定义缓冲区从该逻辑段地址为 1000H 处起始
BUFFER DB 10H DUP(?)         ;定义缓冲区大小为 10H 个字节单元,每单元初始为随机值
<附加段名>  ENDS
```

2. 任何程序都需要定义代码段。在代码段中需要初始化所定义的除代码段寄存器之外其他段寄存器,程序代码的最后需要有正常返回 DOS 的指令。代码段结构如下例:

```
<代码段名>  SEGMENT                                          ;定义代码段
ASSUME CS:<代码段名>,DS:<数据段名>,ES:<附加段名>    ;说明段的属性
START: MOV  AX,<数据段名>                                   ;初始段寄存器
       MOV  DS,AX
       MOV  AX,<附加段名>
       MOV  ES,AX
    ┌────────────────────┐
    │  串操作的程序代码  │
    └────────────────────┘
       MOV  AH,4CH                                          ;返回 DOS
       INT  21H
<代码段名>  ENDS
```

1.4.5 实验内容

1. 编写汇编语言源程序结构框架。定义程序中所用串操作指令要求的数据段或附加段,并定义代码段。

2. 在代码段中输入以下程序段并运行之,回答后面的问题。

```
CLD
MOV DI,1000H
MOV AX,55AAH
MOV CX,10H
REP STOSW
```

上述程序经汇编、链接生产可执行文件。该程序段执行后:

(1) 从 ES:1000H 开始的 16 个字单元的内容是什么?

(2) DI=? CX=? 并解释其原因。

3. 在上题的基础上,在代码段中再输入以下程序段并运行之,回答后面的问题。

```
MOV  SI,1000H
MOV  DI,2000H
```

```
MOV   CX,20H
REP   MOVSB
```

程序段执行后：

(1) 从 ES:2000H 开始的 16 个字单元的内容是什么？

(2) SI=？DI=？CX=？并分析之。

4. 在以上两题的基础上，再输入以下三个程序段并依次运行之。

程序段 1：

```
MOV   SI,1000H
MOV   DI,2000H
MOV   CX,10H
REPZ CMPSW
```

程序段 1 执行后：

(1) ZF=？根据 ZF 的状态，你认为两个串是否比较完了？

(2) SI=？DI=？CX=？并分析之。

程序段 2：

```
MOV   WORD PTR [2008H],4455H
MOV   SI,1000H
MOV   DI,2000H
MOV   CX,10H
REPZ CMPSW
```

程序段 2 执行后：

(1) ZF=？根据 ZF 的状态，你认为两个串是否比较完了？

(2) SI=？DI=？CX=？并分析之。

程序段 3：

```
MOV   AX,4455H
MOV   DI,2000H
MOV   CX,10H
REPNZ SCASW
```

程序段 3 执行后：

(1) ZF=？根据 ZF 的状态，你认为在串中是否找到了数据 4455H？

(2) SI=？DI=？CX=？并分析之。

5. 从 DS:1000H 开始存放有一个字符串"This is a string"，要求把这个字符串从后往前传送到 DS:2000H 开始的内存区域中(即传送结束后，从 DS:2000H 开始的内存单元的内容为"gnirts a si sihT")，试编写程序段并上机验证之。

1.4.6 调试提示

调试步骤如下：

（1）源程序编写完成后,先静态检查,若无误,则对源程序进行汇编、链接,生成可执行源程序文件。

（2）打开 TD,调入可执行源程序文件,按 F7 键单步执行,观察每条指令的执行结果及每个程序段的最终执行结果。

1.4.7　实验报告要求

1. 整理出运行正确的各题源程序段和运行结果,对结果进行分析。
2. 简要说明执行串操作指令之前应初始化哪些寄存器和标志位。
3. 总结串操作指令的用途及使用方法。

1.5　实验 4:字符及字符串的输入和输出

1.5.1　实验目的

1. 熟悉如何进行字符及字符串的输入输出。
2. 掌握简单的 DOS 系统功能调用。
3. 熟悉在 PC 上建立、汇编、链接、调试和运行 8086 汇编语言程序的全过程。

1.5.2　实验设备

IBM-PC 微型计算机 1 台。

1.5.3　实验预习要求

1. 复习系统功能调用的 1、2、9、10 号功能。
2. 按照题目要求预先编写好实验中的程序段。

1.5.4　实验内容

1. 编写汇编语言源程序结构框架。定义程序代码段及数据段,并初始化数据段寄存器。
2. 在代码段中输入以下程序段,经汇编、链接后,生成可执行文件。在 TD 下用 F8 或 F7 键单步运行,执行 INT 21H 指令时,在键盘上按"5"键。

```
MOV AH,1
INT 21H
```

(1) 运行结束后,AL=? 它是哪一个键的 ASCII 码?

(2) 重复运行以上程序段,并分别用"A"、"B"、"C"、"D"键代替"5"键,观察运行结果有何变化?

3. 在 DS:1000H 开始的内存区域设置如下键盘缓冲区:

DS:1000H 5,0,0,0,0,0,0,0

然后输入以下程序段,经汇编、链接后,在 TD 下用 F8 或 F7 键单步运行,执行 INT 21H 指令时,在键盘上键入"5"、"4"、"3"、"2"、"1"、<回车>这六个键。

```
LEA   DX,[1000H]
MOV   AH,0AH
INT   21H
```

程序段运行完后,检查 DS:1000H 开始的内存区域:

(1) DS:1001H 单元的内容是什么? 它表示了什么含义?

(2) 从 DS:1002H 开始的内存区域中的内容是什么? 其中是否有字符"1"的 ASCII 码? 为什么?

4. 在上述程序段基础上输入以下程序段,重新汇编、链接,之后在 DOS 下输入该可执行文件(或在 Windows 下双击该可执行文件的图标),运行之。

```
MOV   DL,'A'
MOV   AH,2
INT   21H
```

(1) 观察屏幕上的输出,是否显示了"A"字符?

(2) 分别用"♯"、"X"、"Y"、"$"、"?"代替程序段中的"A"字符,观察屏幕上的输出有何变化。

(3) 分别用 0DH、0AH 代替程序段中的"A"字符,观察屏幕上的输出有何变化。

(4) 用 07H 代替程序段中的"A"字符,观察屏幕上有无输出? 计算机内的扬声器是否发出"哗"的声音?

5. 要在屏幕上显示一个字符串"Hello,world",写出该字符串变量的定义语句和显示这个字符串的程序段。上机验证之。

6. 按 6 行×16 列的格式顺序显示 ASCII 码为 20H 到 7FH 之间的所有字符,即每16 个字符为一行,共 6 行。每行中相邻的两个字符之间用空格字符分隔开。试编写程序段并上机运行验证。

> 提示:程序段包括两层循环,内循环次数为 16,每次内循环显示一个字符和一个空格字符;外循环次数为 6,每个外循环显示一行字符并显示一个回车符(0DH)和一个换行符(0AH)。

1.5.5　调试提示

调试步骤如下:

（1）源程序编写完成后,先静态检查,若无误,则对源程序进行汇编、链接,生成可执行源程序文件。

（2）对实验任务 3～5,在源程序编写完成并生成可执行程序后,首先将程序在 DOS 下运行,观察执行结果。若结果不正确,再将程序调入 TD 中单步执行,找出问题。

1.5.6 实验报告要求

1. 整理出运行正确的各题源程序段和运行结果。
2. 回答题目中的问题。
3. 说明系统功能调用的 10 号功能对键盘缓冲区格式上有何要求。
4. 1、2、9、10 号功能的输入输出参数有哪些?分别放在什么寄存器中?
5. 总结一下,如何实现字符及字符串的输入输出。

1.6 实验 5：直线程序设计

1.6.1 实验目的

1. 学习应用汇编语言进行加减运算的方法。
2. 了解将压缩 BCD 码转换为 ASCII 码的方法。
3. 掌握直线程序的设计方法。

1.6.2 实验设备

IBM-PC 微型计算机 1 台。

1.6.3 实验预习要求

1. 复习 BCD 码运算的调整指令。
2. 根据本实验的编程提示和程序框架预先编写汇编语言源程序。
3. 有兴趣的同学请自行编写出后面的实验习题。

1.6.4 直线程序简介

直线程序是控制流仅有一个走向的程序,它主要用于解决一些无需进行判断分支,也无需循环的简单问题。

1.6.5　实验内容

设 a、b、c、d 四个数分别以压缩的 BCD 码形式存放在内存 NUM 开始的四个单元,计算 $(a+b)-(c+d)$,然后把结果显示在屏幕上。

改变 a、b、c、d 内容,然后重新汇编、连接并运行程序,检查其结果与手工计算是否相符。下面是几组实验用的数据:

1. $a=09,b=16,c=04,d=17$
2. $a=38,b=41,c=29,d=34$
3. $a=70,b=23,c=42,d=41$
4. $a=63,b=73,c=62,d=50$

1.6.6　程序流程图

程序流程图如图 2-1-6 所示。

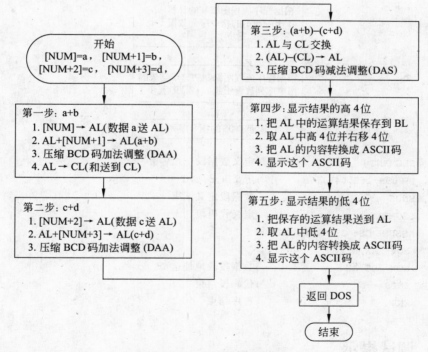

图 2-1-6　实验程序流程图

1.6.7　编程提示

1. 注意 BCD 码的存放形式(如 BCD 码 38 在形式上为 38H)。

2. 在屏幕上显示 ASCII 字符，可以使用以下三条指令（详情请参阅实验四中显示字符的相关内容）：

```
MOV  DL,<要显示的字符>
MOV  AH,2
INT  21H
```

3. 在程序结束处使用以下二条指令即可返回到 DOS：

```
MOV  AH,4CH
INT  21H
```

4. 注意 BCD 码的算术运算需要使用 BCD 运算的调整指令（参见流程图 2-1-6）。

1.6.8　程序框架

汇编语言的框架是编制汇编语言程序的基本模式，每个汇编语言程序的编制都离不开这个框架。此实验程序框架如下：

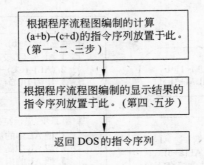

```
DSEG  SEGMENT                    ;定义数据段
NUM   DB 09H,16H,04H,17H        ;定义 a,b,c,d
DSEG  ENDS                       ;数据段定义结束
CSEG  SEGMENT                    ;定义代码段
      ASSUME CS:CSEG,DS:DSEG
START: MOV  AX,DSEG
       MOV  DS,AX                ;数据段段地址送 DS
   CSEG ENDS                     ;代码段结束
       END    START             ;程序结束
```

1.6.9　调试提示

调试步骤如下：

（1）源程序编制完后，先静态检查，无误后，对源程序进行汇编、链接，生成可执行文件。

（2）将程序在 DOS 下运行，如正确，则改变 a、b、c、d 的值反复验证，如不正确，则将程序调入 TD 中进行调试。

1.6.10   实验习题

改变 a、b、c、d 的值如下：

(1) $a=90, b=34, c=33, d=44$

(2) $a=12, b=19, c=25, d=33$

观察结果，改进程序使结果正确。

1.6.11   实验报告要求

1. 整理出 $(a+b)-(c+d)$ 的程序段(即实现程序框架中第一个方框的程序段)和使用不同实验数据时的运行结果，对结果进行解释。

2. (选做)完成实验习题。

3. 简要说明汇编语言程序设计的步骤和每个步骤使用哪种软件工具,生成什么类型的文件。

1.7   实验 6：分支及循环程序设计

1.7.1   实验目的

1. 学习提示信息的显示及键盘输入字符的方法。

2. 掌握分支程序和循环程序的设计方法。

1.7.2   实验设备

IBM-PC 微型计算机 1 台。

1.7.3   实验预习要求

1. 复习比较指令、转移指令、循环指令的用法。

2. 认真阅读编程提示及实验 4 中字符及字符串的输入输出方法。

3. 根据编程提示,编出汇编语言源程序。

4. 有兴趣的同学请编写出实验习题中的程序。

1.7.4   分支程序和循环程序简介

1. 分支程序是根据不同条件执行不同处理过程的程序。分支程序的结构有两种：

一种是二分支,一种是多分支。它们的共同特点是在满足某一条件时,将执行多个分支中的某一分支。

2. 循环程序是把一段程序重复执行多次的程序结构。循环程序包括:初始化、循环体和循环控制等三个部分。初始化部分用于对循环参数(循环次数、控制条件、指针等)设置初值;循环体是被重复执行的程序段;循环控制部分用于决定是否退出循环。循环控制指令可以是转移指令或 LOOP 指令。当已知循环次数或控制条件为 ZF 时,用 LOOP 指令控制循环是最简单的方法。

1.7.5　实验内容

(1) 在屏幕上显示提示信息“Please input 10 numbers:”。

(2) 用户根据提示信息从键盘输入 10 个数(数的范围在 0~99 之间)到定义的缓冲区。

(3) 对输入的这 10 个数从小到大进行排序,并统计 0~59、60~79、80~99 的数各有多少。

(4) 最后,在屏幕上显示排序后的数(每个数之间用逗号分隔),并显示统计的结果。显示格式如下:

```
Sorted numbers: xx,xx,xx,xx,xx,xx,xx,xx,xx,xx
0-59: xx
60-79: xx
80-99: xx
```

1.7.6　程序流程图

程序流程图如图 2-1-7 所示。

1.7.7　编程提示

1. 提示信息的显示

提示信息需预先定义在数据段中,用“DB”伪指令定义。字符串前后加单引号,结尾必须用美元符 $ 作为字符串的结束。若希望提示信息显示后光标能在下一行的起始位置显示,应在字符串后加回车和换行符。然后将此提示信息的偏移地址送 DX 中,用 9 号系统功能调用即可。程序段举例如下:

数据段中:

```
MESSAGE DB 'Please input 10 numbers: ',0DH,0AH,'$'
```

程序段中:

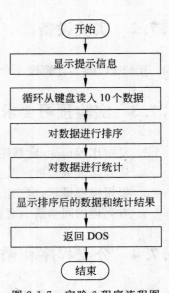

图 2-1-7　实验 6 程序流程图

```
MOV  DX,OFFSET MESSAGE        ;或 LEA DX, MESSAGE
MOV  AH,9
INT  21H
```

2. 接收键入的字符串

接收键入的字符可用 DOS 功能调用的 0AH 号功能。在使用此功能调用前,需要在数据段定义键盘输入缓冲区,缓冲区第一字节存放它能保存的最大字符数,第二个字节存放实际输入的字符数(由 0AH 号功能负责填入),用户从键盘输入的字符串从第三个字节放起,用户以回车键结束本次输入。如果输入的字符数超过所定义的键盘缓冲区所能保存的最大字符数,0AH 号功能将拒绝接收多出的字符。输入结束时的回车键也作为一个字符(0DH)放入字符缓冲区,因此设置的缓冲区应比希望输入的字符数多一个字节。在调用 0AH 号功能前需将键盘输入缓冲区的偏移地址放到 DX 寄存器中。程序段举例如下(假定最多输入 2 个字符)。

数据段中:

```
KB_BUF  DB  3           ;定义可接收最大字符数 (包括回车键)
ACTLEN  DB  ?           ;实际输入的字符数
BUFFER  DB  3 DUP(?)    ;输入的字符放在此区域中
```

程序段中:

```
MOV  DX,OFFSET KB_BUF
MOV  AH,0AH
INT  21H
```

3. 宏的定义与调用

在显示提示信息后和输入数据后,都需要回车换行,在这里用一个宏 CRLF 来实现。注意,宏 CRLF 中有调用了另外一个宏 CALLDOS,这是一个带参数的宏。宏通常需定义在程序的最前面。

宏定义如下:

```
CALLDOS MACRO FUNCTION      ;定义宏 CALLDOS
     MOV  AH, FUNCTION
     INT  21H
     ENDM                   ;宏 CALLDOS 结束
     ;
  CRLF MACRO                ;定义宏 CRLF
     MOV  DL,0DH            ;回车
     CALLDOS 2             ;2号功能调用——显示字符
     MOV  DL,0AH            ;换行
     CALLDOS 2
     ENDM                   ;宏 CRLF 结束
```

在 CRLF 宏体中通过引用宏 CALLDOS 2,实现用 2 号 DOS 功能调用(显示一个字符)显示回车符与换行符,从而实现回车和换行。2 号 DOS 功能在显示回车符与换行符时实际上只是把光标移到下一行的开始,而并非把 0DH 和 0AH 显示在屏幕上。

在程序中凡是需要进行回车换行的地方只要把 CRLF 当作一条无操作数指令直接插入该处即可。在程序中若要使用 CALLDOS 宏,需要在 CALLDOS 宏指令后带上实参(功能调用的功能号)。

4. 几点说明

(1) 为了便于排序和统计,将从键盘输入的数据先转换成二进制数存储,在最后显示结果前再把数据转换成 ASCII 码。

(2) 对数据进行排序的程序段请参考教材中的例 4-18。但要注意本题目的要求是从**小到大**进行排序,而教材中的是从大到小进行排序。

(3) 对数据进行统计的程序段请参考教材中的例 4-17。

1.7.8 程序框架

```
┌─────────────────────────────────────────┐
│编程提示中介绍的宏 CALLDOS 和 CRLF 放在此处│
└─────────────────────────────────────────┘
DATA    SEGMENT                   ;定义数据段
;提示信息字符串
MESSAGE  DB  'Please input 10 numbers: ',0DH,0AH,'$'
;键盘缓冲区
KB_BUF  DB  3                     ;定义可接收最大字符数(包括回车键)
ACTLEN  DB  ?                     ;实际输入的字符数
BUFFER  DB  3 DUP(?)              ;输入的字符放在此区域中
;数据及统计结果
NUMBERS DB 10 DUP(?)              ;键入的数据转换成二进制后放在此处
LE59    DB  0                     ;0~59 的个数
GE60    DB  0                     ;60~79 的个数
GE80    DB  0                     ;80~99 的个数
;显示结果的字符串
SORTSTR DB  'Sorted numbers: '
SORTNUM DB  10 DUP(20H,20H,','),0DH,0AH
MESS00  DB  ' 0-59: ',30H,30H,0DH,0AH
MESS60  DB  '60-79: ',30H,30H,0DH,0AH
MESS80  DB  '80-99: ',30H,30H,0DH,0AH,'$'
DATA    ENDS                      ;数据段结束
;
CODE    SEGMENT                   ;定义代码段
        ASSUME CS:CODE,DS:DATA
START: MOV  AX,DATA
```

```
        MOV   DS,AX
```

┌─────────────────────────┐
│ 1. 显示 MESSAGE 提示信息 │
└─────────────────────────┘

```
        MOV CX,10                    ;共读入 10 个数据
        LEA DI,NUMBERS               ;设置数据保存区指针
    LP1:
```

┌──┐
│ 2. 从键盘读入一个数据,转换成二进制数存入 DI   │
│ 所指向的内存单元   │
└──┘

```
        INC DI                       ;指向下一个数据单元
        CRLF                         ;在下一行输入
        LOOP LP1                     ;直到 10 个数据都输入完
```

┌────────────────────────────┐
│ 3. 对 NUMBERS 中的 10 个数据排序 │
└────────────────────────────┘

┌──┐
│ 4. 对 NUMBERS 中的 10 个数据进行统计,   │
│ 结果放在 GE80、GE60 和 LE59 中   │
└──┘

┌──┐
│ 5. 把排序后的 10 个数据转换成 ASCII 码依   │
│ 次存入 SORTNUM 字符串中   │
└──┘

┌──┐
│ 6. 把 GE80、GE60 和 LE59 中的统计结果转换成 ASCII 码 │
│ 存入 MESS80、MESS60 和 MESS00 字符串中   │
└──┘

```
        LEA   DX, SORTSTR        ;显示排序和统计的结果
        MOV   AH,9
        INT   21H
        MOV   AH,4CH             ;返回 DOS
        INT   21H
    CODE ENDS                    ;代码段结束
        END  START               ;程序结束
```

1.7.9 实验习题

1. 从键盘输入任意一个字符串,统计其中不同字符出现的次数(不分大小写),并把结果显示在屏幕上。

2. 从键盘分别输入两个字符串,若第二个字符串包含在第一个字符串中则显示'MATCH',否则显示'NO MATCH'。

1.7.10 实验报告要求

1. 整理出实现程序框架中方框 1~6 中的程序段。

2. 总结一下编制分支程序和循环程序的要点。

3. (选做)在实验习题 1 和实验习题 2 中任选一个,编写程序并上机验证。

*1.8 实验7：综合程序设计

1.8.1 实验目的

　　1. 掌握子程序设计的基本方法，包括子程序的定义、调用和返回，子程序中如何保护和恢复现场，主程序与子程序之间如何传送参数。

　　2. 学习如何进行数据转换和计算机中日期时间的处理方法。

　　3. 了解在程序设计中如何用查表法来解决特殊的问题。

1.8.2 实验设备

　　IBM-PC 微型计算机 1 台。

1.8.3 实验预习要求

　　1. 复习教材中关于子程序的内容。

　　2. 预习编程提示中的内容。

　　3. 按照题目要求在实验前编写好实验中的程序段。

1.8.4 子程序简介

　　子程序（过程）是程序中实现某个特定功能的指令组，一旦被定义，就可以在程序中任何需要该功能的地方任意地调用它，这样既节省了存储器空间，又使程序具有良好的结构。与子程序有关的指令有 2 条：CALL 和 RET。CALL 指令用于调用子程序，而 RET 指令从子程序返回。

　　汇编程序对子程序的定义有特殊的规则。子程序要以 PROC 指示符开始并且以 ENDP 指示符结束。指示符前面必须加上子程序的名字。PROC 指示符后面是子程序的类型：NEAR 或 FAR，如果省略则默认为 NEAR。

1.8.5 实验内容

　　编写一个程序，在屏幕上实时地显示日期和时间（例如：2003-4-26 15：32：58 显示为 3：32 P.M.，Saturday，April 26，2003），直到任意一个键被按下才退出程序。程序编好后进行汇编、连接和运行，若有错误则用 TD.EXE 调试，直到能够正确运行为止。

1.8.6 程序流程图

程序流程图如图 2-1-8 所示。

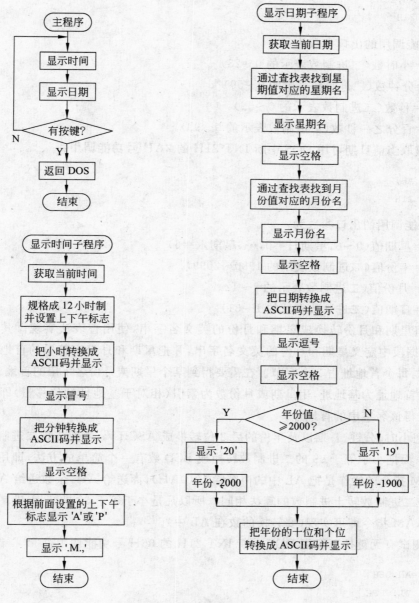

图 2-1-8　程序流程图

1.8.7 编程提示

1. 获取当前时间可用 DOS 中断 INT 21H 的 2CH 号功能调用：

```
MOV  AH,2CH
INT  21H
```

此功能调用的出口参数为：

CH＝小时数(二进制数表示的 0～23)

CL＝分钟数(二进制数表示的 0～59)

DH＝秒数(二进制数表示的 0～59)

DL＝百分之一秒数(二进制数表示的 0～99)

2. 获取当前日期可用 DOS 中断 INT 21H 的 2AH 号功能调用：

```
MOV  AH,2AH
INT  21H
```

此功能调用的出口参数为：

AL＝星期值(0～6,星期日＝0,…,星期六＝6)

CX＝年份值(二进制数表示的 1980～2099)

DH＝月份值(二进制数表示的 1～12)

DL＝日期值(二进制数表示的 1～31)

3. 将星期和月份转换成星期和月份的英文名字串,使用查表法实现。其基本思想是：在数据段中定义星期和月份的英文名字串,并把星期和月份字符串的首地址放到指针数组中,每个首地址占 2 个字节。在需要得到某个星期或月份名字串的首地址时,以指针数组的首地址为基地址,用星期或月份数为索引(相对于基地址的位移量)即可从指针数组中取得该名字串的首地址。

4. 把小时、分钟、日期以及年份的后 2 位转换成 ASCII 码,需要先把二进制数转换成 BCD 数。而把小于等于 99 的二进制数转换成 BCD 数有一个简单的方法,即用 AAM 指令。AAM 指令的操作是把 AL 中的内容除 10(0AH),商送给 AH,余数送给 AL,这个操作正好与二进制数转十进制数的算法相同。所以凡是小于等于 99 的二-十进制转换只要用一条 AAM 指令即可实现(要转换的数在 AL 中)。

5. 测试有无键按下可用 DOS 中断 INT 21H 的 06H 号功能调用：

```
MOV  AH,06H
MOV  DL,0FFH
INT  21H
```

此功能调用的出口参数为：若 ZF＝1 表示没有键按下,ZF＝0 表示有某个键被按下。

1.8.8　程序框架

本程序按以下方式显示时间和日期：

```
3: 32 P.M.,Saturday April 26, 2003
;显示字符的宏定义
DISP MACRO CHAR
        PUSH  AX                    ;保存 DX 和 AX
        PUSH  DX
        MOV   DL, CHAR              ;显示字符
        MOV   AH, 2
        INT   21H
        POP   DX
        POP   AX
        ENDM
;
DATA  SEGMENT                       ;数据段开始
;星期名指针表
D_TAB DW    SUN,MON,TUE,WED,THU,FRI,SAT
;月份名指针表
M_TAB DW    JAN,FEB,MAR,APR,MAY,JUN,JUL,AUG,SEP,OCT,NOV,DCE
;星期名字符串
SUN  DB   'Sunday$'
MON  DB   'Monday$'
TUE  DB   'Tuesday$'
WED  DB   'Wednesday$'
THU  DB   'Thursday$'
FRI  DB   'Friday$'
SAT  DB   'Saturday$'
;月份名字符串
JAN  DB   'January$'
FEB  DB   'February$'
MAR  DB   'March$'
APR  DB   'April$'
MAY  DB   'May$'
JUN  DB   'June$'
JUL  DB   'July$'
AUG  DB   'August$'
SEP  DB   'September$'
OCT  DB   'October$'
NOV  DB   'November$'
DCE  DB   'December$'
TMT  DB   '.M.,$'
```

```
SPACE=20H                              ;空格字符
DATA  ENDS                             ;数据段结束
;
CODE  SEGMENT                          ;代码段开始
      ASSUME CS: CODE, DS: DATA
START: MOV AX, DATA
       MOV DS, AX
  LLL: CALL TIMES                      ;显示时间
       CALL DATES                      ;显示日期
       DISP 0DH                        ;回车
       DISP 0AH                        ;换行
       MOV AH, 06H
       MOV DL, 0FFH
       INT 21H                         ;检查是否有键按下
       JE LLL                          ;若没有,则循环显示
       MOV AH, 4CH                     ;若有键按下则退回 DOS
       INT 21H
;显示时间的子程序
TIMES PROC NEAR
```

    | 1. 根据显示时间子程序的流程图编制的程序段放在此处 |

```
TIMES ENDP
;显示日期的子程序
DATES PROC NEAR
```

    | 2. 根据显示日期子程序的流程图编制的程序段放在此处 |

```
DATES ENDP
CODE  ENDS                             ;代码段结束
      END  START
```

1.8.9　实验报告要求

1. 整理出实现程序框架中方框 1 和方框 2 的子程序。
2. 总结编制子程序的要点。

第 ② 章 硬件接口电路实验

2.1 微机接口实验台使用说明

本书所述的硬件接口实验需要使用清华同方教学仪器设备公司生产的 TPC-H 型通用微机接口实验台。该实验台通过一条 50 线扁平电缆与插在微机中的总线接口卡（随实验台提供）相连。

2.1.1 TPC-H 型通用微机接口实验台简介

1. 实验系统组成

该实验系统由一块 PC 总线接口卡（ISA）、一根 50 芯扁平电缆和一个实验台组成。
- PC 总线接口卡用于把 PC 总线引出到外部并提供驱动能力。
- 50 芯扁平电缆线用于连接总线接口卡和实验台。
- 实验台为单板式结构，装在一个手提箱内。

2. 实验系统安装

实验系统的安装步骤如下：
（1）关上 PC 电源，打开 PC 主机箱。
（2）检查接口卡上中断请求跳线开关是否已经连好（该卡在出厂时已将 4、5 短接，设定 IRQ$_7$ 作为中断申请信号）。
（3）把 PC 总线接口卡插在任一 ISA 扩展槽中。
（4）用 50 芯扁平电缆线连接总线接口卡和实验台。

3. 实验台上的自锁紧插孔的使用

本实验台采用了"自锁紧"插座及连接线，能够防止连线接触不良的现象。自锁紧插座插入连线时，应把插头稍微用力沿顺时针方向旋转一下，才能保证接触良好。拔出时，应先逆时针方向旋转待插头完全松开后，再向上拔出。

2.1.2 实验台结构

实验台结构如图 2-2-1 所示。现将其主要部件的功能和结构简述如下。

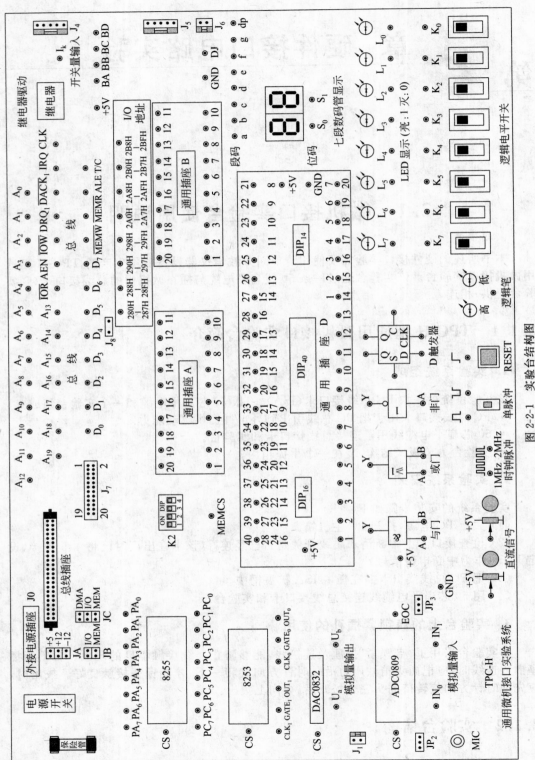

图 2-2-1　实验台结构图

1. I/O 地址译码电路

I/O 地址译码电路如图 2-2-2 所示,这里选用 PC 未用的地址空间 280H～2BFH,共分 8 条译码输出线:Y_0～Y_7,地址分别是 280H～287H、288H～28FH、290H～297H、298H～29FH、2A0H～2A7H、2A8H～2AFH、2B0H～2B7H 和 2B8H～2BFH。8 根译码输出线在实验台上标有"I/O 地址"处分别由"自锁紧"插孔引出,供实验选用。

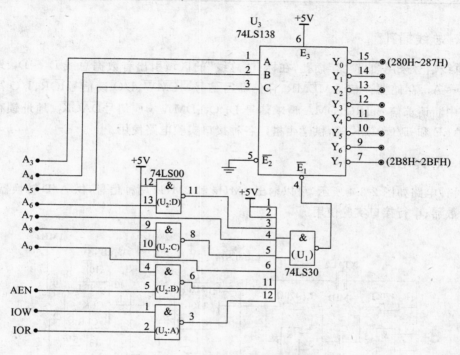

图 2-2-2 实验台的 I/O 地址译码电路

2. 存储器译码电路

存储器译码电路如图 2-2-3 所示,译码输出线 MEMCS 对应的地址范围为 D0000H～

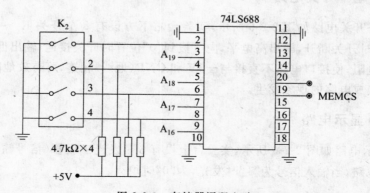

图 2-2-3 存储器译码电路

DFFFFH 或 E0000H～EFFFFH。具体在哪一个范围由存储器地址范围选择开关 K_2 决定。K_2 是一个四位拨动开关,开关状态如下:

1	2	3	4	地 址 范 围
OFF	OFF	ON	OFF	D0000H～DFFFFH
OFF	OFF	OFF	ON	E0000H～EFFFFH

3. 总线插孔

总线信号采用"自锁紧"插孔,在标有"总线"的区域引出有数据总线 D_7～D_0、地址总线 A_{19}～A_0、存储器读信号 $\overline{MEMR}$、存储器写信号 $\overline{MEMW}$、I/O 读信号 $\overline{IOR}$、I/O 写信号 $\overline{IOW}$、中断请求信号 IRQ、DMA 请求信号 DRQ_1、DMA 响应信号 $\overline{DACK_1}$、地址锁存允许信号 ALE 和 T/C、CLK 等,供学生搭建各种接口实验电路使用。

4. 时钟电路

时钟电路如图 2-2-4 所示,可以输出 1MHz 和 2MHz 两种信号,供 A/D 转换器、定时器/计数器、串行接口实验使用。

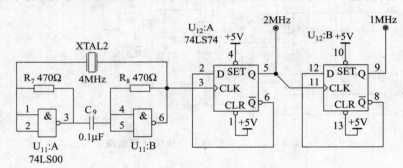

图 2-2-4 实验台的时钟电路

5. 逻辑电平开关电路

逻辑电平开关电路如图 2-2-5 所示,实验台右下方设有 8 个开关 K_7～K_0,开关向上拨到"1"位置时开关断开,输出高电平,向下拨到"0"位置时开关接通,输出低电平,电路中串接了保护电阻,使接口电路不直接与+5V 和 GND(地线)相连,可有效地防止学生因误操作而损坏集成电路的现象发生。

6. LED 显示电路

LED 显示电路如图 2-2-6 所示,实验台上设有 8 个发光二极管(信号输入端 L_7～L_0)及相关驱动电路,当输入信号为"1"时发光,为"0"时熄灭。

微型计算机原理与接口技术题解及实验指导(第 3 版)

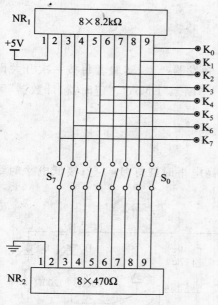

图 2-2-5　逻辑电平开关电路

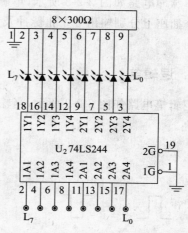

图 2-2-6　发光二极管显示电路

7. 七段数码管显示电路

数码管显示电路如图 2-2-7 所示,实验台上设有两个共阴极七段数码管及驱动电路。七段数码管的段用同相驱动器驱动,位用反相驱动器驱动,从段码与位码的驱动器输入端(段码输入端为 a、b、c、d、e、f、g、dp,位码输入端为 S_1、S_2)输入不同的代码即可显示不同

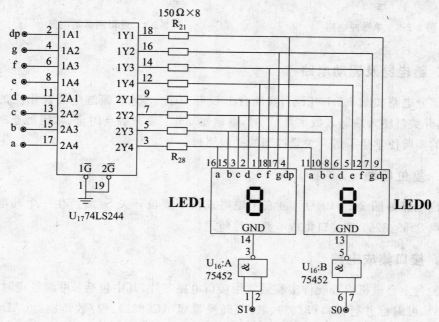

图 2-2-7　七段数码管显示电路

数字或符号。

8. 单脉冲电路

单脉冲电路如图 2-2-8 所示,单脉冲采用 RS 触发器产生,实验者每按一次开关即可从两个插座上分别输出一个正脉冲及负脉冲。供"中断"、"DMA"、"定时器/计数器"等实验使用。

9. 逻辑笔

逻辑笔电路如图 2-2-9 所示,当输入端 U_i 接高电平时红灯(D_2)亮;接低电平时绿灯(D_3)亮。

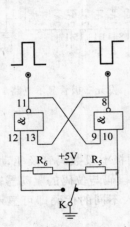

图 2-2-8　单脉冲电路

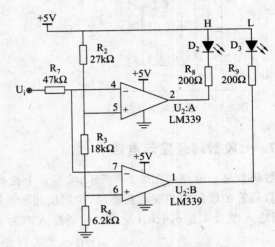

图 2-2-9　逻辑测试笔电路

10. 继电器及驱动电路

这部分电路如图 2-2-10 所示,实验台上设有一个 +5V 直流继电器及相应的驱动电路,当其开关量输入端输入数字量"1"时,继电器动作:常开触点闭合、常闭触点断开。通过相应的实验使学生了解开关量控制的一般原理。

11. 复位电路

复位电路如图 2-2-11 所示,能在上电时或按下复位开关 S_2 后产生一个高电平的复位信号供 8255、8251 等接口集成电路芯片使用。

12. 接口集成电路

实验台上有微机原理硬件实验最常用接口电路芯片,其中包括:可编程定时器/计数器(8253)、可编程并行接口(8255)、数/模转换器(DAC0832)、模/数转换器(ADC0809)。这些芯片与 CPU 相连的引线除片选信号 CS 外都已连好,与外界连接的关键引脚在芯片周围用"自锁紧"插座引出,供学生实验时使用。在本实验系统中未用到的引脚,如 8255 的 $PB_0 \sim PB_7$、8253 的 $CLK_2/GATE_2/OUT_2$、ADC0809 的 $IN_3 \sim IN_7$ 都用小圆插孔引出,可供自行设计实验时使用。另外 D/A 转换器附有双极性输出插孔,A/D 转换器附有双极性输入插孔。具体电路可见后面各实验的说明。

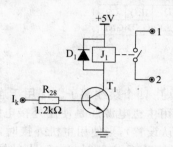

图 2-2-10 继电器及驱动电路

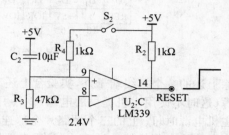

图 2-2-11 实验台复位电路

13. 跳线开关($JP_1 \sim JP_3$)

实验台上共有 3 个跳线开关,其中 JP_1 用于 I/O 实验与 DMA 实验选择:1—2 短路时实验台用于 I/O 实验,2—3 短路时用于 DMA 实验。JP_2、JP_3 分别用于 A/D 转换器的模拟量输入极性选择,将 JP_2 的 1—2 短路时 $IN_2(J_2)$ 可输入双极性电压($-5V \sim +5V$),2—3 短路时可输入单极性电压($0 \sim +5V$),JP_3 用于选择 IN_1 的输入极性,方法与 JP_2 相同。JP_1、JP_2、JP_3 在实验台上的位置请参看实验台结构图。

14. +5V 电源插针

为了减少主机+5V 电源的负担和各主要芯片的安全,在主要接口芯片的左上角都有相应的电源连接插针(标记为+5V),当实验需要该芯片时,用短路块短接插针即可接通+5V 电源。对暂时用不到的芯片可将短路块拔掉以确保芯片安全。

15. 通用集成电路插座

实验台上设有 4 个通用数字集成电路插座,其中插座 A、C 为 14 引脚,插座 B 为 16 引脚,插座 D 可以插入 1 个 24~40 引脚的集成电路芯片或者 2 个 8~20 引脚的集成电路芯片。每个插座引脚附近都有对应的"自锁紧"插孔。部分实验(简单并行接口、DMA、串行通信、集成电路测试)的电路需要用这些插座来搭建。利用这些插座还可以开发新的实验,也可以进行数字电路实验和学生的毕业设计。

16. 数字电路实验区

实验台上有一块数字电路实验区,设有三种基本门电路(与、或、非)及 D 触发器,供学生在微机接口实验或数字电路实验时直接使用。

17. 接线端子

实验台上设有 7 个接线端子,标号为 $J_1 \sim J_7$。J_1 用于外接喇叭。J_2 是一个立体声插孔用于外接话筒。J_4 为继电器触点，其中 1 接 +5V，2、3 为常闭触点，3、4 为常开触点，5 接地线。J_5 用于接步进电机。J_6 用于接小直流电机。J_7 是一个 20 芯通用插座，用于外接用户开发的实验板，其引脚信号安排如图 2-2-12 所示。

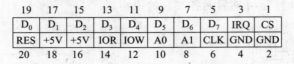

19	17	15	13	11	9	7	5	3	1
D_0	D_1	D_2	D_3	D_4	D_5	D_6	D_7	IRQ	CS
RES	+5V	+5V	IOR	IOW	A0	A1	CLK	GND	GND
20	18	16	14	12	10	8	6	4	2

图 2-2-12 J_7 引脚信号

除上述的 7 个接线端子外，实验台上还有 J_0、J_A、J_B、J_C 四个跳线端子。J_0 用于连接外接电源（这时不使用主机提供的电源）。J_A 用于选择使用主机电源还是使用外接电源，当使用主机电源时，J_A 上的三个短路片全部连通（这是默认设置），当使用主机外接时，J_A 上的三个短路片全部拔掉。J_B 和 J_C 是用来选择实验类型的，I/O 实验时，J_B、J_C 上的短路片应插在标有"I/O"的位置。做存储器实验时，J_B、J_C 上的短路片应插在标有"MEM"的位置。做 DMA 实验时，J_B 上的短路片应插在"I/O"位置，J_C 上的短路片应插在"DMA"位置。通常情况下，三个短路片都在 I/O 位置上。

2.1.3 实验须知

1. 在实验电路的介绍中凡不加"利用通用插座"一词的均为实验台上已固定连接好的集成电路器件。

2. 实验中需要实验者自己连线的地方均用虚线表示，实线表示已连接好的电路，无需再连接。

3. 禁止带电连接电路，电路连接完检查无误后再打开实验台的电源。

2.2 实验 8：I/O 地址译码

2.2.1 实验目的

掌握 I/O 地址译码电路的工作原理。

2.2.2 实验设备

1. IBM-PC 微型计算机 1 台。

2. TPC-H 型通用微机接口实验台 1 台。

2.2.3 实验预习要求

1. 认真阅读硬件实验台使用说明，熟悉各功能部件在实验台上的位置和相应引脚的位置。

2. 复习教材中有关地址译码的章节。

3. 复习 I/O 指令的使用。

2.2.4 实验原理和内容

实验电路如图 2-2-13 所示,其中 74LS74 为 D 触发器,可直接使用实验台上数字电路实验区的 D 触发器。74LS138 为地址译码器,译码输出端 $Y_0 \sim Y_7$ 在实验台上"I/O 地址"输出端引出,由于采用了部分地址译码方式,每个输出端对应了 8 个地址,Y_0:280H$\sim$287H,Y_1:288H$\sim$28FH,$\cdots$,Y_7:2B8H$\sim$2BFH。当 CPU 执行 I/O 指令且地址在 280H$\sim$2BFH 范围内,译码器的 8 根译码输出线中必有一根输出负脉冲。

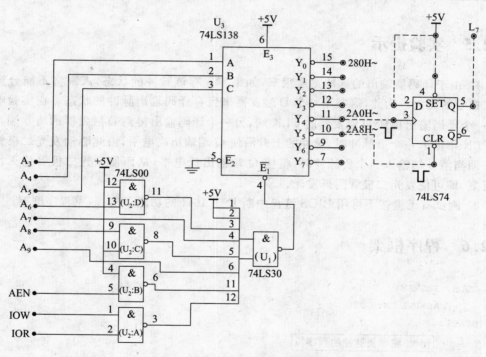

图 2-2-13 I/O 译码实验电路图

例如,执行下面两条指令将使 Y_4 输出一个负脉冲:

```
MOV   DX,2A0H
OUT   DX,AL(或 IN AL,DX)
```

而执行下面两条指令将使 Y_5 输出一个负脉冲:

```
MOV   DX,2A8H
OUT   DX,AL(或 IN AL,DX)
```

本实验的内容:

1. 按图 2-2-13 连接电路(只连接虚线部分)。

2. 编程序使译码器输出负脉冲,利用负脉冲控制发光二极管闪烁发光(亮、灭、亮、灭……),亮与灭的时间间隔通过软件延时实现。

3. 修改延时参数,使亮与灭的时间间隔分别大约为 3 秒、5 秒和 8 秒。将延时参数填入表 2-2-1 中。

表 2-2-1　延时参数值

	CX 的值	BX 的值	CX 与 BX 的乘积
延时 3 秒			
延时 5 秒			
延时 8 秒			

2.2.5　实验提示

1. 由于译码器输出的脉冲宽度很窄,如果不保存该脉冲的状态,人眼将不能分辨发光二极管的亮灭。为此,需要用一个 D 触发器来保存译码输出脉冲的状态。在实验电路中,一个译码输出接到 D 触发器的 CLK 端,另一个译码输出接到 D 触发器的清 0 端。每当 CLK 端输入一个负脉冲时,脉冲的上升沿使 Q 端输出高电平,由此驱动发光二极管发光。而当清 0 端输入一个负脉冲时,将使 Q 端输出低电平,从而使发光二极管熄灭。如此反复,即可使发光二极管闪烁发光。

2. 测试有无键按下可用 BIOS 键盘中断 INT 16H 的功能 1 实现,见程序框架。

2.2.6　程序框架

```
CODE    SEGMENT
        ASSUME CS: CODE
START:
```
> 使 Y₄ 输出负脉冲的程序段

> 调用延时子程序

> 使 Y₅ 输出负脉冲的程序段

> 调用延时子程序

```
        MOV  AH, 1
        INT  16H        ;测试键盘上有无键按下
        JZ   START      ;若没有键按下,循环执行
        MOV  AH, 4CH    ;否则退回 DOS
        INT  21H
;
;延时子程序
```

```
;
DELAY PROC
        MOV BX, 500             ;外循环延时参数
  LL1: MOV CX, 0                ;内循环延时参数 (0 表示 65536,即 10000H)
  LL2: LOOP LL2
        DEC BX
        JNZ LL1
        RET
DELAY ENDP
;
CODE   ENDS
        END START
```

2.2.7 实验习题

如果用只访问一个 I/O 地址(而不是两个 I/O 地址)的方法来实现发光二极管闪烁发光,电路应怎样连接? 画出电路图(提示: 将 D 触发器连接成 1 位的计数器)。编写相应的使发光二极管闪烁发光的程序并上机验证之。

2.2.8 实验报告要求

1. 填写实验内容中的表格。分析延时参数与 CPU 速度之间的关系。
2. 写出程序框架中完成各方框中功能的程序段。
3. 完成实验习题。

2.3 实验 9: 简单并行接口

2.3.1 实验目的

掌握简单并行接口的工作原理及构成方法。

2.3.2 实验设备及元件

1. IBM-PC 微型计算机 1 台。
2. TPC-H 型通用微机接口实验台 1 台。
3. 74LS273 八 D 触发器 1 个。
4. 74LS244 八总线缓冲器 1 个。

2.3.3　实验预习要求

1. 复习教材中简单并行接口的有关内容。
2. 了解 74LS273、74LS244 和七段数码管的工作原理。
3. 预先编写好实验程序。

2.3.4　实验内容

1. 按照图 2-2-14 所示的简单并行输出接口电路图连接线路(74LS273 插通用插座，74LS32 用实验台上的"或门")。74LS273 为八 D 触发器，8 个 D 输入端分别接数据总线 $D_0 \sim D_7$，8 个 Q 输出端分别接 LED 显示电路的输入端 $L_0 \sim L_7$。

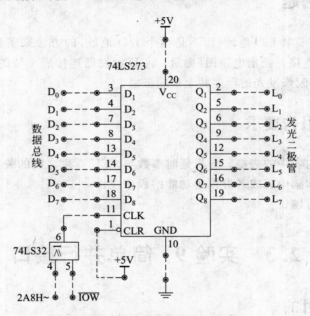

图 2-2-14　简单并行输出接口电路(1)

编程序从键盘输入一个字符或数字，然后将该 ASCII 码通过这个输出接口输出，根据 8 个发光二极管发光情况验证正确性。

2. 把 74LS273 的 8 个 Q 输出端改接到七段数码显示管 LED0 的 a～g 和 dp 输入引脚上，位码输入端 S_0 接+5V 电源，如图 2-2-15 所示。

编程序从键盘输入一个十六进制数字(0～9、A～F)，然后将该数的 ASCII 码转换成相应的七段码通过这个输出接口输出，在七段数码显示管上显示这个十六进制数。

3. 按图 2-2-16 连接电路(74LS244 插通用插座，74LS32 用实验台上的"或门")。74LS244 为八总线缓冲器，它的 8 个数据输入端分别接逻辑电平开关的连接端 $K_0 \sim K_7$，8 个数据输出端分别接数据总线的 $D_0 \sim D_7$。

————————————————————　微型计算机原理与接口技术题解及实验指导(第 3 版)

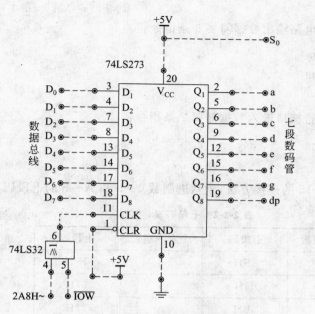

图 2-2-15　简单并行输出接口电路(2)

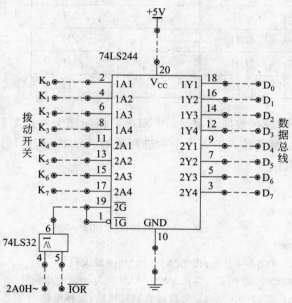

图 2-2-16　简单并行输入接口电路

用逻辑电平开关预置某个字符的 ASCII 码(向上拨为 1,向下拨为 0),编程输入这个 ASCII 码,并将其对应的字符在屏幕上显示出来。

2.3.5　实验提示

1. 上述并行输出接口的端口地址为 2A8H,并行输入接口的端口地址为 2A0H。通过上述并行接口电路输出数据需要 3 条指令：

```
MOV  AL, 数据
MOV  DX, 2A8H
OUT  DX, AL
```

通过上述并行接口输入数据需要 2 条指令：

```
MOV  DX, 2A0H
IN   AL, DX
```

2. 按图 2-2-15 的连接方法，十六进制数 0～9 和 A～F 的七段码如表 2-2-2 所示。

表 2-2-2 七段码表

十六进制数	七段码	十六进制数	七段码
0	3FH	8	7FH
1	06H	9	67H
2	5BH	A	77H
3	4FH	B	7CH
4	66H	C	39H
5	6DH	D	5EH
6	7DH	E	79H
7	07H	F	71H

在程序中，七段码表在数据段定义，用 XLAT 指令把十六进制数转换成对应的七段码。例如，AL 中有从键盘读入的一个十六进制数的 ASCII 码，则可用如下的指令段将其转换为对应的七段码：

```
        CMP  AL, '9'
        JA   ABCDEF
        SUB  AL, 30H     ;把'0'～'9'转换为00H～09H
        JMP  CONV
ABCDEF: AND  AL, 4FH     ;先把'A'～'F'转换成大写
        SUB  AL, 37H     ;再把'A'～'F'转换为0AH～0FH
CONV:   LEA  BX, SEG7    ;取七段码表的首地址(偏移地址)
        XLAT             ;进行转换,转换后的七段码放在AL中
```

2.3.6 程序流程图

实验内容 1 至实验内容 3 的程序流程图如图 2-2-17 ～ 图 2-2-19 所示。

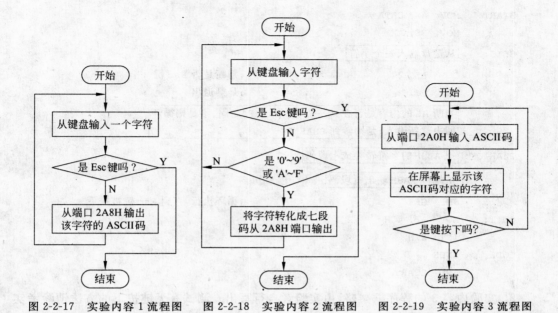

图 2-2-17　实验内容 1 流程图　　图 2-2-18　实验内容 2 流程图　　图 2-2-19　实验内容 3 流程图

2.3.7　程序框架

1. 实验内容 1 的程序框架如下。

```
CODE    SEGMENT
        ASSUME CS: CODE
START:  从键盘输入一个字符
        CMP  AL, 27              ;判断是否 Esc 键
        JZ   QUIT                ;是则退出
        从端口 2A8H 输出该字符
        JMP  START               ;循环执行,直到 Esc 键被按下
QUIT:   MOV  AH, 4CH
        INT  21H
CODE    ENDS
        END  START
```

2. 实验内容 2 的程序框架如下。

```
DATA    SEGMENT
SEG7    DB 3FH, 06H, 5BH, 4FH, 66H, 6DH, 7DH, 07H
        DB 7FH, 67H, 77H, 7CH, 39H, 5EH, 79H, 71H
DATA    ENDS
;
CODE    SEGMENT
        ASSUME CS: CODE, DS: DATA
```

```
START:   MOV  AX, DATA
         MOV  DS, AX
GETC:    从键盘输入一个字符
         CMP  AL, 27                        ;判断是否 Esc 键
         JZ   QUIT                          ;是则退出
         判断 AL 的内容是否在 '0'～'9','A'～'F'之间,不是则循环
         回去重新输入;是则转到 CHAR_OK
CHAR_OK: 把 AL 中的字符转换成七段码
         从端口 2A8H 输出七段码
         JMP  GETC                          ;循环执行,直到 Esc 键被按下
QUIT:    MOV  AH, 4CH
         INT  21H
CODE     ENDS
         END  START
```

3. 实验内容 3 的程序框架略,由实验者自行写出。测试有无键按下的方法请参考实验 1 中的提示和程序框架。

2.3.8 实验习题

如果把实验内容 2 与实验内容 3 结合起来,从开关读入手工预置的某个十六进制数的 ASCII 码('0'～'9','A'～'F'),然后在七段数码显示管上显示这个十六进制数。这时接口电路应怎样连接?画出接口电路并连接之,编写相应的程序,上机验证接口电路和程序的正确性。

2.3.9 实验报告要求

1. 把三个实验程序写完整。
2. (选做)完成实验习题。
3. 总结一下简单并行输入输出接口的构成方法。

2.4 实验 10:存储器扩充实验

2.4.1 实验目的

1. 熟悉 6116 SRAM 的使用方法,掌握 PC 内存储器的扩充方法。
2. 了解 PC 总路线信号的定义,领会总线及总线标准的意义。

3. 通过对硬件电路的分析,学习了解总线的工作时序。

2.4.2　实验设备

1. IBM-PC 微型计算机 1 台。
2. TPC-H 型通用微机接口实验台 1 台。
3. 6116 SRAM 1 片。

2.4.3　实验预习要求

1. 复习教材中存储器的有关内容,了解 6116 SRAM 的工作原理。
2. 预先编写好实验程序。

2.4.4　实验内容

1. 把跳线端子 J_B、J_C 的短路片插在“MEM”的位置上。拨动存储器地址选择开关 K_2 为:OFF、OFF、ON、OFF,选择 D0000H 开始的 64KB 空间。

2. 按图 2-2-20 电路虚线连接线路(6116 插通用插座 D)。注意,图中未画出电源和地线的连接,实验时请将引脚 24 接+5V,引脚 12 接地线。

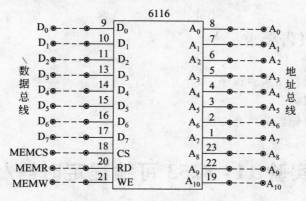

图 2-2-20　存储器扩充电路

3. 编制程序,将字符'A'~'Z'循环存入扩展的 6116 SRAM 中,然后再将 6116 的内容读出显示在屏幕上。

2.4.5　实验提示

6116 SRAM 为 2K×8 的芯片。本实验选择把扩充的 6116 映射到从 D0000H 开始的存储空间。若实验中出现地址冲突现象,也可以选择从 E0000H 开始的存储空间(用 K_2 选择),但要注意程序中的扩充存储器地址也要做相应修改。

2.4.6 程序框图

实验程序流程图如图 2-2-21 所示。

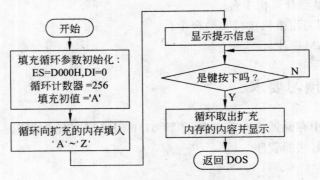

图 2-2-21 实验程序流程图

2.4.7 实验习题

把扩充的存储器中前 1KB 填充为全 'A' 字符,后 1KB 填充为全 'B' 字符。编写程序并上机验证。

2.4.8 实验报告要求

1. 根据流程图写出实验程序。
2. 完成实验习题。
3. 总结一下存储器的扩充方法。

2.5 实验 11:8253 可编程定时器/计数器

2.5.1 实验目的

掌握 8253 的基本工作原理和编程方法。

2.5.2 实验设备

1. IBM-PC 微型计算机 1 台。
2. TPC-H 型通用微机接口实验台 1 台。

微型计算机原理与接口技术题解及实验指导(第 3 版)

3. 双通道示波器 1 台。

2.5.3　实验预习要求

1. 复习 8253 定时计数器的工作原理和初始化方法。
2. 预先编写好实验程序。

2.5.4　实验内容

1. 按图 2-2-22 虚线连接电路,将计数器 0 设置为方式 0,计数初值为 N(N 的值自行决定,$0 < N < 15$),按动单脉冲发生器的微动开关逐个往 CLK_0 输入单脉冲,编写程序在屏幕上显示通道 0 的计数值,并同时用逻辑笔观察 OUT_0 的电平变化(当输入 $N+1$ 个脉冲后 OUT_0 变高电平)。

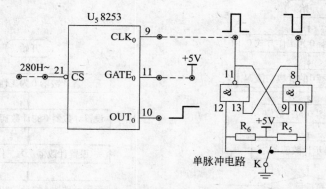

图 2-2-22　8253 计数结束中断工作方式实验电路

2. 按图 2-2-23 连接电路,将计数器 0、计数器 1 都设置为方式 3,计数初值为 1000,用示波器的两个通道观察比较 OUT_0 和 OUT_1 的输出波形(没有示波器时也可用实验台上的逻辑笔观察 OUT_1 的输出电平变化)。

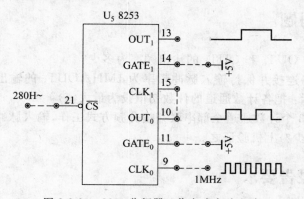

图 2-2-23　8253 分频器工作方式实验电路

2.5.5 实验提示

1. 本实验中 8253 的地址分配如下：

控制寄存器地址　283H
计数器 0 地址　　280H
计数器 1 地址　　281H

2. 实验内容 2 中 CLK_0 时钟频率为 1MHz。

2.5.6 程序流程图

程序流程图如图 2-2-24 和图 2-2-25 所示。

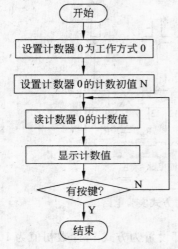

图 2-2-24　实验内容 1 的流程图

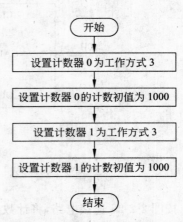

图 2-2-25　实验内容 2 的流程图

2.5.7 实验习题

1. 实验电路中 OUT_0 和 OUT_1 的输出频率为多少？
2. 按实验电路连接并保持输入脉冲频率为 1MHz，OUT_1 的输出频率最小为多少？上机验证之。（提示：把各计数通道的计数初值设为最大值）
3. 若 8253 的 3 个计数通道全部串联并按分频方式工作，输入脉冲频率为 2MHz 时，输出频率最小为多少？上机验证之。

2.5.8 实验报告要求

1. 根据程序流程图写出实验用的两个程序。

2. 总结 8253 各种工作方式的特点。

3. 完成实验习题。

2.6 实验 12：8255 可编程并行接口（一）

2.6.1 实验目的

掌握 8255 方式 0 的工作原理及使用方法，用 8255 实现十字路口交通信号灯的模拟控制。

2.6.2 实验设备

1. IBM-PC 微型计算机 1 台。

2. TPC-H 型通用微机接口实验台 1 台。

2.6.3 实验预习要求

1. 复习 8255 并行接口的工作原理和初始化方法。

2. 预先编写好实验程序。

2.6.4 实验内容

1. 按图 2-2-26 虚线连接电路，8255 的 C 口接逻辑电平开关的输出端子 $K_0 \sim K_7$，A 口接发光二极管显示电路的输入端子 $L_0 \sim L_7$。编写程序从 8255 的 C 口输入数据（数据由开关设定），再从 A 口输出，显示在 8 个发光二极管上。

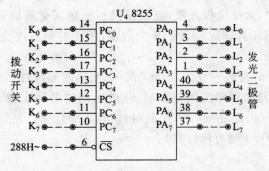

图 2-2-26 实验内容 1 的电路

2. 图 2-2-27 是一个用 8255 实现十字路口交通灯的模拟控制的电路。图中发光二极管 L_7、L_6、L_5 作为南北路口的交通灯与 8255 的 PC_7、PC_6、PC_5 相连，L_2、L_1、L_0 作为东西路口的交通灯与 8255 的 PC_2、PC_1、PC_0 相连。编程使这 6 个发光二极管按交通信号灯的变化规律发光或熄灭。

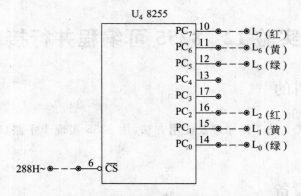

图 2-2-27　交通信号灯的模拟控制的实验电路

2.6.5　实验提示

1. 本实验中 8255 的地址分配如下：

控制寄存器地址　　28BH
A 口的地址　　　　288H
C 口的地址　　　　28AH

2. 实验内容 1 中，C 口的高 4 位和低 4 位都要设置为输入。

3. 实验内容 2 中，要求交通信号灯始终按以下规律发光与熄灭：

① 南北路口的绿灯、东西路口的红灯同时亮 30 秒左右。
② 南北路口的黄灯闪烁若干次，同时东西路口红灯继续亮。
③ 南北路口的红灯、东西路口的绿灯同时亮 30 秒左右。
④ 南北路口的红灯继续亮，同时东西路口的黄灯亮闪烁若干次。

4. 实验内容 2 中，为使编程方便，在数据段预先定义交通信号灯的 6 种可能的状态数据，其中为第②和第④种情况定义了 6 个数据，用于控制三次亮/灭、亮/灭、亮/灭的过程，以达到闪烁的效果。

5. 绿灯亮时的延时常数可设为 2000×9000（长延时），绿灯不亮时的延时常数可设为 20×9000（短延时）。延时程序段用两层循环，内循环的循环次数设置为 9000，外循环的循环次数设置为 2000（长延时）或 20（短延时）。有无绿灯亮可根据灯状态数据判断（若状态数据的 b5＝1 或 b1＝1 则有绿灯亮）。

2.6.6　程序流程图

实验内容 1 的流程图见图 2-2-28，实验内容 2 的流程图见图 2-2-29。

　　微型计算机原理与接口技术题解及实验指导(第 3 版)

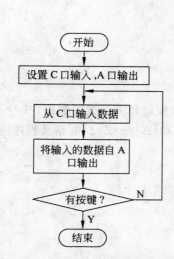

图 2-2-28　实验内容 1 的程序流程图

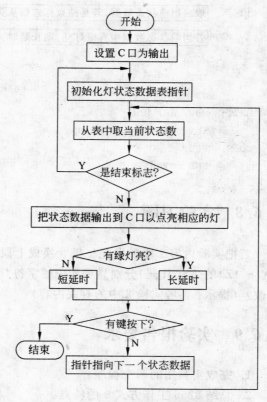

图 2-2-29　交通灯控制的程序流程图

2.6.7　程序框架

1. 实验内容 1 的程序框架(略)。
2. 交通灯控制程序的框架如下。

```
DATA    SEGMENT
STABLE DB   24H                              ;南北绿灯亮,东西红灯亮
       DB   44H,04H,44H,04H,44H,04H          ;南北黄灯闪,东西红灯亮
       DB   81H                              ;南北红灯亮,东西绿灯亮
       DB   82H,80H,82H,80H,82H,80H          ;南北红灯亮,东西黄灯闪
       DB   0FFH                             ;结束标志
DATA    ENDS
;
CODE    SEGMENT
        ASSUME CS: CODE, DS: DATA
START: MOV  AX, DATA
       MOV  DS, AX
```

　　　　　设置 8255 工作方式 0,C 口输出

ON:　　┌───┐
　　　　│取出当前状态数据,若是结束标志则从头开始,否则输出该状态数据│
　　　　└───┘
　　　　┌───┐
　　　　│若当前状态数据中有绿灯亮,则长延时,否则短延时│
　　　　└───┘

```
        MOV   AH, 1
        INT   16H                    ;测试有无按键
        JZ    ON                     ;没有则循环
EXIT:   MOV   AH, 4CH                ;有则退回 DOS
        INT   21H
CODE    ENDS
        END   START
```

2.6.8　实验习题

若把实验内容 1 中的发光二极管换成七段数码管,根据开关设置的数据('0'～'9'、'A'～'Z'的 ASCII 码)分别显示相应的字符'0'～'9'和'A'～'Z'。电路及程序应如何修改?(提示:参考实验 2 中的有关内容)

2.6.9　实验报告要求

1. 完成实验用的两个程序。
2. 总结 8255 工作方式 0 的特点。
3. (选做)完成实验习题。

*2.7　实验 13：中断实验

2.7.1　实验目的

1. 掌握 PC 中断系统的基本工作原理。
2. 学会编写中断服务程序。

2.7.2　实验设备

1. IBM-PC 微型计算机 1 台。
2. TPC-H 型通用微机接口实验台 1 台。

2.7.3　实验预习要求

1. 复习教材中有关中断的内容,了解 PC 的中断处理过程。

2. 复习 8259 中断控制器中中断屏蔽寄存器的功能。

3. 预先编写好实验程序。

2.7.4 实验原理

PC 用户可使用的硬件中断只有可屏蔽中断,由 8259 可编程中断控制器(PIC)管理。PIC 用于接收外部的中断请求信号,经过优先级判别以及排队等处理后向 CPU 发出可屏蔽中断请求。

IBMPC、PC/XT 内只使用了一片 8259 中断控制器,可以支持 8 个外部中断源,如表 2-2-3 所示。

表 2-2-3   PC、PC/XT 机的中断分配

中断源	中断类型号	中断功能
IRQ0	08H	时钟
IRQ1	09H	键盘
IRQ2	0AH	保留
IRQ3	0BH	串行口 2
IRQ4	0CH	串行口 1
IRQ5	0DH	硬盘
IRQ6	0EH	软盘
IRQ7	0FH	并行打印机

8 个中断源的中断请求信号线 $IRQ_0 \sim IRQ_7$ 在主机的总线插座中可以引出,操作系统已设定中断请求信号为"边沿触发",普通结束方式。286 以上的微机在 PC、PC/XT 的单一的 8259 中断控制器基础上又扩展了一片 8259 中断控制器;扩展的 8259 与主 8259 通过 IRQ_2 进行级联,两片 8259 共支持 15 级外部中断。考虑到通用性,在本实验台接口卡上设有一个跳线开关(JP),可以选择把 IRQ_2、IRQ_3、IRQ_4、IRQ_7 其中的一个引到实验台上的 IRQ 插座上,跳线方法前面已介绍(安装部分),出厂设置的是 IRQ_7。

2.7.5 实验内容

实验电路如图 2-2-30,用手揿压微动开关 K 产生单脉冲作为中断请求信号(只需连接一根导线,把单脉冲信号引到中断请求线 IRQ 上)。要求每按一次开关就产生一次中断,由中断服务程序在屏幕上显示"This is an IRQ7 interrupt!",中断 10 次后程序退出。

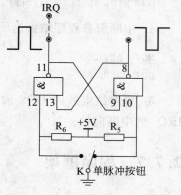

图 2-2-30   中断实验电路

2.7.6　实验提示

1. 要想在发生中断时能够转入对应的中断服务程序去执行,在程序的初始化部分必须根据中断类型号把中断服务程序的首地址设置到中断向量表中(即设置中断向量)。在设置中断向量之前应注意保护原中断向量的内容,方法是读取原中断向量并保存到本地数据段中。

读取中断向量可用 DOS 功能调用的 35H 号功能实现,方法如下:

```
MOV  AL,<中断类型号>
MOV  AH,35H
INT 21H
```

从 35H 号功能返回后,读取的中断向量在 ES:BX 中,然后将其保存到本地数据段的变量中。

设置中断向量可用 DOS 功能调用的 25H 号功能实现,方法如下:

```
MOV  AX,CS          ;中断处理程序的首地址送入 DS:DX
MOV  DS,AX
MOV  DX,<中断服务程序的首地址偏移量>
MOV  AL,<中断类型号>
MOV  AH,25H
INT  21H
```

注意,IRQ$_7$ 对应的中断类型号为 0FH(参见表 2-2-2)。

2. PC 中主中断控制器 8259 的 I/O 地址为 20H 和 21H。

3. 要想让 8259 允许 IRQ$_7$ 的中断,必须把 8259 中断屏蔽寄存器 IMR 对应位清零,IMR 中与 IRQ$_7$ 相对应的位为 bit7,清零的方法如下:

```
IN  AL,21H      ;读 IMR
MOV OLD_IMR,AL  ;保存原来的 IMR 内容
AND AL,7FH      ;bit7 清零
OUT 21H,AL      ;写回到 IMR
```

4. 中断服务程序结束返回前要向 8259 发出中断结束命令 EOI,方法如下:

```
MOV AL,20H
OUT  20H,AL
```

5. 程序结束返回 DOS 前应恢复 8259 中断屏蔽寄存器 IMR 的原内容,并恢复原 IRQ$_7$ 的中断向量。

2.7.7　程序框架

```
DATA    SEGMENT
MESSAGE DB  'This is an IRQ7 interrupt!',0AH,0DH,'$'
```

```
OLD_VCT    DD    ?                                    ;用于保存原来的中断向量
OLD_IMR    DB    ?                                    ;用于保存 8259 的中断屏蔽寄存器的内容
INT_CNT    DB    10                                   ;中断次数
DATA       ENDS
;
CODE       SEGMENT
           ASSUME CS: CODE, DS: DATA
START:     MOV   AX, DATA
           MOV   DS, AX

     ┌──────────────────────────────────────────┐
     │ 取原 IRQ7 的中断向量,保存到 OLD_VCT       │
     └──────────────────────────────────────────┘
     ┌──────────────────────────────────────────┐
     │ 设置新的 IRQ7 中断服务程序的中断向量      │
     └──────────────────────────────────────────┘
           MOV   AX, DATA
           MOV   DS, AX

     ┌──────────────────────────────────────────┐
     │ 读 IMR 的内容保存到 OLD_IMR 单元。再把 IMR 中与 IRQ7 │
     │ 对应的位清零,以便允许 IRQ7 中断          │
     └──────────────────────────────────────────┘
LL:        CMP   INT_CNT, 0                           ;等待中断计数减为 0
           JNZ   LL
     ┌──────────────────────────────────────────┐
     │ 恢复原 IMR 的内容和原来的 IRQ7 的中断向量 │
     └──────────────────────────────────────────┘
           STI                                        ;允许中断
           MOV   AH, 4CH                              ;返回 DOS
           INT   21H
;
; 中断服务程序
;
IRQ7       PROC  FAR
           LEA   DX, MESSAGE                          ;显示提示信息
           MOV   AH, 9
           INT   21H
           CMP   INT_CNT, 0                           ;若中断计数已减到 0,则不再减 1
           JZ    NEXT
           DEC   INT_CNT                              ;中断计数减 1
NEXT:      MOV   AL, 20H
           OUT   20H, AL                              ;向 8259 发出 EOI 命令,结束本次中断
           IRET
IRQ7       ENDP
;
CODE       ENDS
           END START
```

2.7.8 实验习题

修改本实验的程序,改为每按一次单脉冲按钮 K,就在屏幕上显示一次中断产生的时

间,格式为"Current Time：HH：MM：SS",共 10 次。取当前时间的方法请参考第 1.8 节实验 7 中的提示。

2.7.9　实验报告要求

1. 把实验用的程序补充完整。
2. 总结一下中断程序的编写方法以及应注意哪些方面。
3. (选做)完成实验习题。

*2.8　实验 14：8255 可编程并行接口(二)

2.8.1　实验目的

1. 掌握 8255 工作于方式 1 下的使用及编程。
2. 进一步掌握中断处理程序的编写。

2.8.2　实验设备

1. IBM-PC 微型计算机 1 台。
2. TPC-H 型通用微机接口实验台 1 台。

2.8.3　实验预习要求

1. 复习教材中 8255 的工作方式 1。
2. 预先编写好实验程序。

2.8.4　实验内容

1. 按图 2-2-31 所示的 8255 方式 1 中断方式输出电路,连好线路。
2. 编程实现此功能：用每按一次单脉冲按钮 K 所产生的正脉冲(模拟外设的响应信号)使 8255 产生一次中断请求,让 CPU 进行一次中断服务。在中断服务程序中向 8255 依次输出 01H、02H、04H、08H、10H、20H、40H、80H 使 $L_0 \sim L_7$ 依次发光,中断 8 次结束。
3. 按图 2-2-32 所示的 8255 方式 1 中断方式输入电路,连好线路。
4. 编程实现此功能：用每按一次单脉冲按钮 K 所产生的正脉冲(模拟外设的选通脉冲)使 8255 产生一次中断请求,CPU 在中断服务程序中读取逻辑电平开关预置的 ASCII 码,在屏幕上显示其对应的字符,中断 8 次结束。

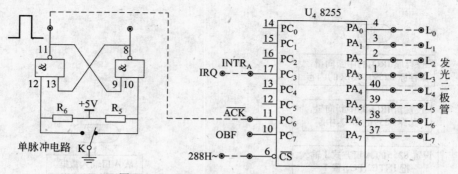

图 2-2-31　8255 方式 1 中断方式输出电路

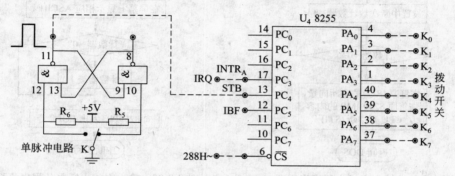

图 2-2-32　8255 方式 1 中断方式输入电路

2.8.5　参考流程图

各实验的流程图分别如图 2-2-33～图 2-2-36 所示。

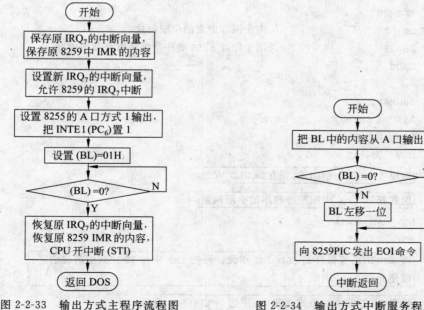

图 2-2-33　输出方式主程序流程图　　　　图 2-2-34　输出方式中断服务程序流程图

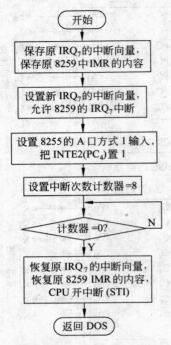

图 2-2-35 输入方式主程序流程图

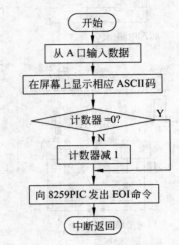

图 2-2-36 输入方式中断服务程序流程图

2.8.6 程序框架

1. 输出方式的程序框架

```
DATA      SEGMENT
OLD_VCT DD    ?                        ;用于保存原来的中断向量
OLD_IMR DB    ?                        ;用于保存 8259 的中断屏蔽寄存器的内容
DATA      ENDS
;
CODE      SEGMENT
          ASSUME CS: CODE, DS: DATA
MAIN:    MOV  AX, DATA
         MOV  DS, AX
```

取原 IRQ_7 的中断向量,保存到 OLD_VCT

设置新的 IRQ_7 中断服务程序的中断向量

```
         MOV  AX, DATA
         MOV  DS, AX
```

读 IMR 的内容保存到 OLD_IMR 单元。再把 IMR 中与 IRQ_7 对应的位清零,以便允许 IRQ_7 中断

设置 8255 的 A 口方式 1 输出,并把 INTE1(PC_6)置 1

微型计算机原理与接口技术题解及实验指导(第 3 版)

```
        MOV   BL, 1              ;发光二极管从右往左轮流点亮
LL:     CMP   BL, 0              ;全部亮过一遍?
        JNZ   LL                 ;否,循环等待
        ┌─────────────────────────────────────────────┐
        │ 恢复原 IMR 的内容和原来的 IRQ₇ 的中断向量 │
        └─────────────────────────────────────────────┘
        STI                      ;允许中断
        MOV   AH, 4CH            ;返回 DOS
        INT   21H
;
;中断服务程序
IRQ7    PROC  FAR
        ┌──────────────────────────────────┐
        │ 把 BL 的内容从 8255 的 A 口输出 │
        └──────────────────────────────────┘
        CMP   BL, 0
        JZ    NEXT               ;中断次数=8,不再点亮发光二极管
        SHL   BL, 1              ;否则,点亮左边的发光二极管
NEXT:   ┌──────────────────────────┐
        │ 向 8259PIC 发 EOI 命令 │
        └──────────────────────────┘
        IRET
IRQ7    ENDP
;
CODE    ENDS
        END   MAIN
```

2. 输入方式的程序框架

```
DATA    SEGMENT
OLD_VCT DD  ?                    ;用于保存原来的中断向量
OLD_IMR DB  ?                    ;用于保存 8259 的中断屏蔽寄存器的内容
INT_CNT DB  ?                    ;中断次数
DATA    ENDS
;
CODE    SEGMENT
        ASSUME CS: CODE, DS: DATA
MAIN:   MOV AX, DATA
        MOV DS, AX
        ┌────────────────────────────────────────┐
        │ 取原 IRQ₇ 的中断向量,保存到 OLD_VCT │
        └────────────────────────────────────────┘
        ┌────────────────────────────────────────┐
        │ 设置新的 IRQ₇ 中断服务程序的中断向量 │
        └────────────────────────────────────────┘
        MOV AX, DATA
        MOV DS, AX
        ┌──────────────────────────────────────────────────────────────────┐
        │ 读 IMR 的内容保存到 OLD_IMR 单元。再把 IMR 中与 IRQ₇ 对应的位清零, │
        │ 以便允许 IRQ₇ 中断                                                 │
        └──────────────────────────────────────────────────────────────────┘
        ┌─────────────────────────────────────────────────────┐
        │ 设置 8255 的 A 口方式 1 输入,并把 INTE₂(PC₄)置 1 │
        └─────────────────────────────────────────────────────┘
        MOV INT_CNT, 8           ;设置中断次数计数器=8 次
LL:     CMP INT_CNT, 0           ;等待中断 8 次
        JNZ LL
```

```
        ┌─────────────────────────────────────────────┐
        │ 恢复原 IMR 的内容和原来的 IRQ₇ 的中断向量      │
        └─────────────────────────────────────────────┘
        STI                        ;允许中断
        MOV  AH, 4CH               ;返回 DOS
        INT  21H
;
;中断服务程序
IRQ7    PROC FAR
        ┌───────────────────────────────────────────────────────┐
        │ 从 8255 的 A 口输入一个数据并显示在屏幕上,再显示回车、换行 │
        └───────────────────────────────────────────────────────┘
        CMP  INT_CNT, 0            ;若中断计数已减到 0,则不再减 1
        JZ   NEXT
        DEC  INT_CNT              ;中断计数减 1
NEXT:   ┌──────────────────────┐
        │ 向 8259PIC 发 EOI 命令 │
        └──────────────────────┘
        IRET
IRQ7    ENDP
;
CODE    ENDS
        END  MAIN
```

2.8.7　实验习题

把输出方式的实验改为每按一次单脉冲按钮 K,就产生一次中断,CPU 在中断服务程序中把这是第几次中断显示在七段数码管上(即在七段数码管上依次显示 1、2、…、8),按第 9 次单脉冲按钮 K 时退出程序。修改电路图并编制相应程序。

2.8.8　实验报告要求

1. 把实验用的程序补充完整。
2. 总结 8255 工作方式 1 的特点及使用方法。
3. 完成实验习题。

*2.9　实验 15：8250 串行通信接口

2.9.1　实验目的

1. 了解串行通信的基本原理。
2. 掌握串行接口芯片 8250 的工作原理和编程方法。

2.9.2　实验设备

1. IBM-PC 微型计算机 1 台。

2. TPC-H 型通用微机接口实验台 1 台。

3. 8250 串行通信接口芯片 1 个。

2.9.3 实验预习要求

1. 复习教材中有关串行通信和 8250 的相关内容。

2. 预先编写好实验程序。

2.9.4 实验内容

1. 按图 2-2-37 连接线路,图中 8250 芯片插在 40 芯通用插座上。

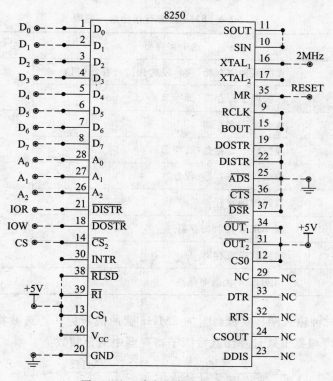

图 2-2-37 串行通信实验电路图

2. 编程:把 8250 设置成自发自收工作方式。从键盘输入一个字符,将其 ASCII 码加 1 后发送出去,再自己接收回来将加 1 后的字符显示在屏幕上。

2.9.5 实验提示

1. 8250 是一个可编程的异步通信接口芯片,在微机系统中起串行数据的输入输出接口作用。它内部已包含有可编程序波特率发生器,可用 1～65535 的除数因子对输入时钟信号进行分频以产生 16 倍波特率的串行输入输出时钟,因此不需要外部提供另外的收发同步时钟。

2. 图 2-2-37 中的 8250 芯片的片选端(CS)接实验台的 2B8H～2BFH 端子,因此本实验中 8250 的端口基地址为 2B8H,通过把一个相对偏移量加到此基地址上即可得到 8250 中任何一个内部寄存器的端口地址。表 2-2-4 为 8250 的各寄存器地址一览表。表中 DLAB 为线路控制寄存器的 bit7 位,也叫除数因子寄存器存取位。DLAB＝0 为正常工作方式,基地址用于选择接收数据缓冲器和发送数据寄存器,(基地址＋1)用于选择中断允许寄存器。DLAB＝1 为初始化工作方式,基地址用于选择除数因子寄存器的低字节,(基地址＋1)用于选择除数因子寄存器的高字节。只有当 8250 初始化时需要把 DLAB 置 1,初始化结束后应立即将其置 0。

表 2-2-4　8250 的寄存器地址一览表

DLAB	A_2	A_1	A_0	选中寄存器	相对于基地址的偏移
0	0	0	0	接收缓冲寄存器(读),发送保持寄存器(写)	+0
1				除数因子寄存器(低字节)	
0	0	0	1	中断允许寄存器	+1
1				除数因子寄存器(高字节)	
×	0	1	0	中断标志寄存器(仅读)	+2
×	0	1	1	线路控制寄存器	+3
×	1	0	0	MODEM 控制寄存器	+4
×	1	0	1	线路状态寄存器	+5
×	1	1	0	MODEM 状态寄存器	+6

3. 8250 的时钟输入端接实验台上的 2MHz 脉冲信号源。若选波特率为 9600,波特率因子为 16,则可根据下式计算出除数因子寄存器中的分频数 N:

$$N = \frac{f_{CLK}}{波特率 \times 波特率因子} = \frac{2MHz}{9600 \times 16} \approx 13$$

所以除数因子寄存器低字节应为 13,高字节为 0。

4. 收发均采用查询方式。发送前要检查发送保持寄存器是否为空,读取接收的数据前要检查数据是否已接收到。若条件不满足,应循环检测。

2.9.6　参考流程图

实验程序参考流程图如图 2-2-38 所示。

　微型计算机原理与接口技术题解及实验指导(第 3 版)

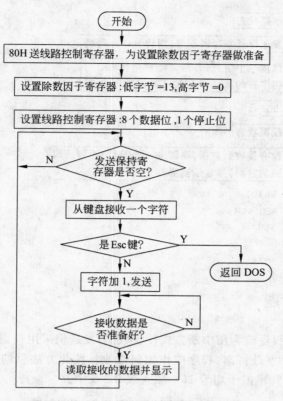

图 2-2-38   串行通信实验程序参考流程图

2.9.7   程序框架

```
PORTBASE   EQU 2B8H
DATA       SEGMENT
MESSAGE    DB 'You can play a key on the keyboard!', 0DH, 0AH
           DB 'ESC quit to DOS!', 0AH, 0DH, '$'
DATA       ENDS
;
CODE       SEGMENT
           ASSUME CS: CODE, DS: DATA
START:     MOV  AX, DATA
           MOV  DS, AX
```

设置 DLAB=1,设置除数因子高字节和低字节

设置 DLAB=0,设置线路控制寄存器

设置中断控制寄存器:不允许中断

```
           MOV  DX, OFFSET MESSAGE
           MOV  AH, 9
           INT 21H
```

```
WAIT1:     读取线路状态

           如果发送保持寄存器不空,则转 WAIT₁ 等待

           从键盘读一个字符,若是 Esc 键则转 EXIT;
           否则将字符的 ASCII 码加 1 并发送出去。

           延时 500μs

WAIT2:     读取线路状态

           如果没有接收到数据,则转 WAIT₂ 等待;否则读取
           接收到的数据,并显示到屏幕上。

           JMP    WAIT1
EXIT:      MOV    AH, 4CH
           INT    21H
CODE       ENDS
           END    START
```

2.9.8 实验习题

1. 把实验中的程序改为用中断方式接收数据,发送仍采用查询方式。

2. 如果选择 2400 波特率,程序应作如何修改？按此方法总结出以下各种波特率所对应的除数因子(波特率因子均为 16),填入表 2-2-5 中。

表 2-2-5　各种波特率所对应的除数因子

波特率	除数因子	波特率	除数因子
240		2400	
480		4800	
960		9600	
1200		19200	

2.9.9 实验报告要求

1. 总结 8250 的使用方法及编程步骤。

2. 完成实验习题(习题 1 选做)。

2.10 实验 16：D/A 转换器

2.10.1 实验目的

了解 D/A 转换器的基本特性,掌握 DAC0832 芯片的使用方法。

2.10.2 实验设备

1. IBM-PC 微型计算机 1 台。
2. TPC-H 型通用微机接口实验台 1 台。
3. 示波器 1 台。
4. 万用表 1 只。

2.10.3 实验预习要求

1. 复习教材中有关 D/A 转换的内容和 DAC0832 的结构与使用方法。
2. 预先编写好实验程序。

2.10.4 实验内容

1. 实验电路如图 2-2-39 所示,DAC0832 采用单缓冲方式,电路具有单、双极性输出端(图中的 U_a、U_b)。

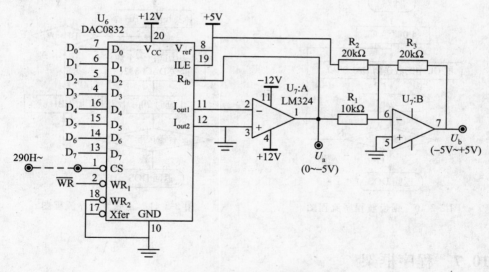

图 2-2-39 D/A 转换电路图

利用 debug 输出命令(命令格式:O 290,<数据>)输出数据给 DAC0832,用万用表测量单极性输出端 U_a 和双极性输出端 U_b 的电压,并用描点法在坐标纸上描出数据-电压关系曲线,验证数据与电压之间是否呈线性关系,是否符合实验提示中给出的公式(数据为 00H,20H,40H,60H,80H,A0H,C0H,E0H)。

2. 编程产生锯齿波和正弦波,并用示波器观察 U_b 端的输出波形。

2.10.5　实验提示

1. 8 位 D/A 转换器 DAC0832 的端口地址为 290H,输入数据与输出电压的关系为:

$$U_a = \frac{-U_{REF}}{256} \times N \qquad U_b = 2\frac{U_{REF}}{256} \times N - 5$$

式中 U_{REF} 表示参考电压,N 表示数据。这里参考电压为 PC 的 +5V 电源。

2. 产生锯齿波只须将输出到 DAC0832 的数据从 0 开始循环递增。产生正弦波可根据正弦函数建一个正弦函数值表,取值范围为一个周期,表中数据在 16 个以上(越多则波形越平滑),然后把表中的数据循环输出到 DAC0832。

2.10.6　参考流程图

产生锯齿波和正弦波的程序流程图分别如图 2-2-40 和图 2-2-41 所示。

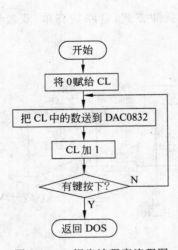

图 2-2-40　锯齿波程序流程图

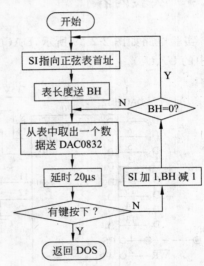

图 2-2-41　正弦波程序流程图

2.10.7　程序框架

1. 锯齿波程序框架(略)。

2. 正弦波的程序框架如下。

```
DATA    SEGMENT
SIN     DB    80H,96H,0AEH,0C5H,0D8H,0E9H,0F5H,0FDH
        DB    0FFH,0FDH,0F5H,0E9H,0D8H,0C5H,0AEH,96H
        DB    80H,66H,4EH,38H,25H,15H,09H,04H
        DB    00H,04H,09H,15H,25H,38H,4EH,66H              ;正弦波函数值表
```

　　　　　　　　微型计算机原理与接口技术题解及实验指导(第 3 版)

```
DATA    ENDS
;
CODE    SEGMENT
        ASSUME CS: CODE, DS: DATA
START:  MOV  AX, DATA
        MOV  DS, AX
        ┌──────────────────────────────────────────┐
        │ 循环取出正弦函数值表中的数据送到 DAC0832,  │
        │ 若中间有键按下,则退出程序。                │
        └──────────────────────────────────────────┘
        MOV  AH, 4CH                                        ;返回 DOS
        INT  21H
CODE    ENDS
        END  START
```

2.10.8 实验习题

实验中所产生的锯齿波的最大频率约为多少(提示:算出一个循环中全部指令的执行时间)? 要使所产生的频率尽量高(硬件电路不变),编写程序时应注意什么?

2.10.9 实验报告要求

1. 画出实验内容 1 中要求的数据—电压关系曲线,并分析结果。
2. 自行完成锯齿波的程序,并把正弦波的程序补充完整。
3. 完成实验习题。

2.11 实验 17:A/D 转换器

2.11.1 实验目的

了解 A/D 转换的基本原理,掌握 ADC0809 的使用方法。

2.11.2 实验设备

1. IBM-PC 微型计算机 1 台。
2. TPC-H 型通用微机接口实验台 1 台。
3. 万用表 1 只。
4. 低频信号发生器 1 台。

2.11.3 实验预习要求

1. 复习教材中有关 A/D 转换的内容和 ADC0809 的结构与使用方法。

2. 预先编写好实验程序。

2.11.4　实验内容

1. 实验电路原理图如图 2-2-42 所示。

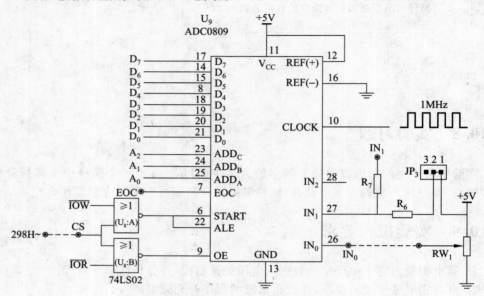

图 2-2-42　A/D 转换实验电路

从实验台左下角电位器 RW_1（或 RW_2）的滑动引脚引出 $0\sim5V$ 直流电压送入 ADC0809 通道 0（IN_0），用万用表测量 IN_0 上的电压，再用下面的指令段启动 A/D 转换器并读取转换结果，并用描点法在坐标纸上描出电压—数据关系曲线，验证输入电压与转换后的数字量之间是否呈线性关系，是否符合实验提示中给出的公式（在 TD 中输入以下指令，单步执行之，观察 AL 中的转换结果）。

```
MOV  DX, 298H        ;IN0 的端口地址
MOV  AL, 0
OUT  DX, AL          ;启动 IN0 开始转换
IN   AL, DX          ;读取转换结果送到 AL
```

2. 编写程序，循环采集 IN_0 输入的电压，在屏幕上显示出转换后的数据（用十六进制数）。程序运行时旋动电位器 RW_1（或 RW_2）改变 IN_0 上的电压，观察屏幕上数据的变化。

3. 把 JP_3 的 1、2 短接，使 ADC0809 处于双极性工作方式，并在 IN_1 端子加上一个低频交流信号（从低频信号发生器获取，幅度为 $\pm5V$，频率为 $50Hz\sim200Hz$），编程采集 IN_1 上的交流信号数据并在屏幕上显示其波形。

2.11.5　实验提示

1. ADC0809 上 IN_0 的端口地址为 298H，IN_1 的端口地址为 299H。

2. IN_0 单极性输入电压 U_i 与转换后的数字量 N 之间的关系为：

$$N = \frac{U_i}{U_{REF}/256}$$

式中 U_{REF} 为参考电压（本实验中参考电压为 +5V）。

3. 进行一次 A/D 转换的程序段为

```
MOV  DX,端口地址
OUT  DX,AL                ;启动转换
<延时 200μs>
IN   AL,DX                ;读取转换结果放在 AL 中
```

程序段中的延时可用程序空循环的方法实现。注意，随微机的主频不同，程序中延时循环次数也应相应修改。微机速度越快，循环计数值应越大。

2.11.6 参考流程图

第 2.11.4 小节实验内容 2 的主程序流程图和显示子程序流程图分别如图 2-2-43～图 2-2-45 所示。

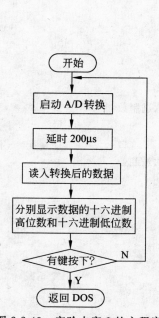

图 2-2-43 实验内容 2 的主程序

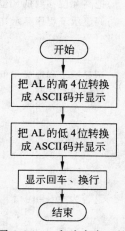

图 2-2-44 实验内容 2 的显示子程序

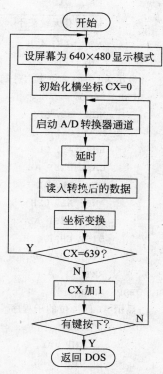

图 2-2-45 实验内容 3 的流程图

2.11.7 程序框架

1. 实验内容 2 程序框架

```
DISP_CHAR MACRO CHAR              ;显示字符的宏
        MOV   DL, CHAR
        MOV   AH, 2
        INT   21H
        ENDM
;
CODE    SEGMENT
        ASSUME  CS: CODE
START:
```

> 启动 A/D 转换器

> 延时 200μs

> 从 A/D 转换器输入数据

```
        CALL DISP                 ;显示输入的数据
```

> 检测有无键按下,没有则循环进行下一次转换

```
        MOV   AH, 4CH
        INT   21H
;显示 AL 中的 2 位十六进制数的子程序
DISP  PROC
        MOV   BL, AL              ;保存 AL
        MOV   CL, 4
        SHR   AL, CL              ;把高 4 位移到低 4 位
        CALL DISP_AL              ;调显示子程序显示高位十六进制数
        MOV   AL, BL
        AND   AL, 0FH
        CALL DISP_AL              ;调显示子程序显示低位十六进制数
        DISP_CHAR 0DH             ;显示回车换行
        DISP_CHAR 0AH
        RET
DISP  ENDP
;显示 AL 低 4 位的子程序
DISP_AL  PROC
        CMP   AL, 9               ;是否为'0'～'9'?
        JLE   YES
        ADD   AL, 7               ;'A'～'F'应多加 7
    YES: ADD  AL, 30H             ;转换成 ASCII 码
        DISP_CHAR AL
        RET
```

```
DISP_AL  ENDP
;
CODE  ENDS
     END  START
```

2. 实验内容 3 程序框架

```
DELAY   MACRO                   ;延时的宏定义
        PUSH CX
        MOV  CX, 500H           ;微机速度较快时,此值应适当加大
   LLL: LOOP LLL
        POP  CX
        ENDM
;
CODE  SEGMENT
        ASSUME CS: CODE
START:  MOV  AX, 0012H          ;设屏幕显示方式为 640×480 模式
        INT  10H
        AND  CX, 0              ;CX 为横坐标
```

DRAW: 启动 A/D 转换器通道 1

延时 $200\mu s$

从 A/D 转换器输入数据到 AL,清零 AH

```
        MOV  DX, 19FH           ;DX 为纵坐标
        SUB  DX, AX
        MOV  AL, 0AH            ;设置颜色
        MOV  AH, 0CH            ;画点
        INT  10H
        CMP  CX, 639            ;一行是否画完
        JZ   START              ;是则重新开始画
        INC  CX                 ;否则继续画点
```

检测有无键按下,没有则循环进行下一次转换

```
        MOV  AX, 0003H          ;有则恢复屏幕为字符方式
        INT  10H
        MOV  AH, 4CH            ;返回 DOS
        INT  21H
CODE  ENDS
     END  START
```

2.11.8 实验报告要求

1. 画出实验内容 1 中要求的电压—数据关系曲线,并分析结果。

2. 把实验内容 2 和实验内容 3 的程序补充完整。

*2.12 实验 18：步进电机控制

2.12.1 实验目的

1. 了解步进电机控制的基本原理,掌握控制步进电机转动的编程方法。
2. 进一步掌握 8255 的使用。

2.12.2 实验设备

1. IBM-PC 微型计算机 1 台。
2. TPC-H 型通用微机接口实验台 1 台。
3. 小功率四相步进电机(5V,0.16A)1 只。

2.12.3 实验预习要求

1. 预习步进电机的结构及工作原理。
2. 预先编写好实验程序。

2.12.4 实验原理

步进电机驱动原理是通过对每相线圈中的电流的顺序切换来使电机作步进式旋转。电机由脉冲信号经功率放大电路驱动,调节输入脉冲信号的频率便可改变步进电机的转速。

如图 2-2-46 所示,本实验使用的步进电机参数为直流 5V,每相电流为 0.16A,电机线圈由四相组成,即：Φ_1(BA),Φ_2(BB),Φ_3(BC),Φ_4(BD)。

步进电机的驱动方式为二相激励方式,各线圈通电顺序如表 2-2-6 所示。

表 2-2-6 步进电机通电顺序

图 2-2-46 步进电机连线图

相\顺序	Φ_1	Φ_2	Φ_3	Φ_4	
0	1	1	0	0	逆时针方向旋转
1	0	1	1	0	
2	0	0	1	1	
3	1	0	0	1	顺时针方向旋转

表中首先向 Φ_1—Φ_2 线圈输入驱动电流,接着 Φ_2—Φ_3、Φ_3—Φ_4、Φ_4—Φ_1,又返回到 Φ_1—Φ_2,按这种顺序切换,电机即可按顺时针方向旋转。若线圈通电的顺序为 Φ_1—Φ_4、Φ_3—Φ_4、Φ_2—Φ_3、Φ_1—Φ_2,则电机按逆时针方向旋转。

可通过不同长度的延时来得到不同频率的步进电机输入脉冲,从而得到不同的步进旋转速度。

2.12.5 实验内容

1. 按图 2-2-47 连接线路,利用 8255 输出电机激励脉冲,开关 K_0~K_6 控制步进电机转速,K_7 控制步进电机转向。步进电机插头接实验台上的 J_5 插座。8255 的片选端 CS 接 288H~28FH,PA_0~PA_3 接电机线圈 BA~BD,PC_0~PC_7 接电平开关 K_0~K_7。

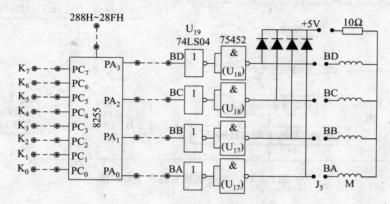

图 2-2-47　步进电机实验电路图

2. 编程实现:当 K_0~K_6 中任一开关为"1"(向上拨)时步进电机启动,全部都为"0"时步进电机停止。其中 K_0 为"1"时电机速度最慢,K_6 为"1"时电机速度最快。K_7 向上拨步进电机正转,向下拨步进电机反转。

2.12.6 实验提示

1. 本实验中 8255 的地址为 280H~28BH,A 口设置为方式 0 输出,C 口设置为方式 0 输入。

2. K_0~K_6 对应的延时参数分别为 0F0H、0B0H、80H、60H、40H、20H、10H。

3. 激励数据初始化为 33H(00110011B),根据 K_7 的设定每次左移一位或右移一位,然后将低 4 位输出到 8255 的 PA_3~PA_0(分别对应 Φ_4~Φ_1)。与激励数据中的 0 对应的两个线圈将通电,由此驱动步进电机旋转。

步进电机实验程序流程图见图 2-2-48。

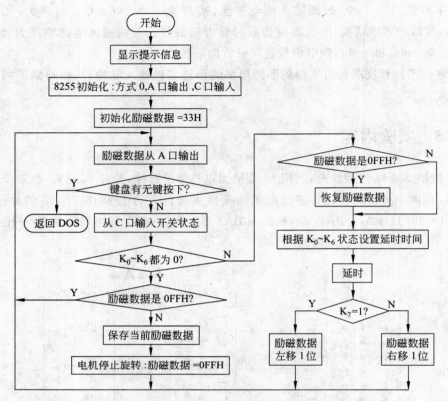

图 2-2-48　步进电机实验程序流程图

2.12.7　实验习题

1. 编写程序使步进电机按正转 10 圈，反转 5 圈，再正转 10 圈，再反转 5 圈的规律旋转。

2. 调整延时参数，使步进电机的转动速度为每秒 5 转。在你的微机上，每秒 5 转对应的延时参数是多少？这个数字与微机的速度有什么关系？为什么？请给出一个解决这个问题的可行方案。

2.12.8　实验报告要求

1. 按照参考流程图编写出完整的程序。
2. 完成实验习题。
3. 总结步进电机的控制方法。

　　微型计算机原理与接口技术题解及实验指导(第 3 版)

附 A 录 部分实验程序清单

A.1 汇编语言部分

1. 实验 6 程序清单

```
DOSFUNC MACRO FUN_NO          ;定义宏指令 DOSFUNC
        MOV   AH, FUN_NO
        INT   21H
        ENDM                  ;宏 DOSFUNC 结束

CRLF    MACRO                 ;定义宏指令 CRLF
        MOV   DL, 0DH         ;回车
        DOSFUNC 2             ;2 号功能调用 (显示字符)
        MOV   DL, 0AH         ;换行
        DOSFUNC 2
        ENDM                  ;宏 CRLF 结束
;
DATA    SEGMENT               ;定义数据段
MESSAGE   DB   'Please input 10 numbers: ',0DH,0AH,'$'
NUMBERS DB    10 DUP(?)       ;键入的数据转换成二进制后放在此处
KB_BUF  DB    3               ;定义可接收最大字符数 (包括回车键)
ACTLEN  DB    ?               ;实际输入的字符数
BUFFER  DB    3 DUP(?)        ;输入的字符放在此区域中
LE59    DB    0               ;0~59 的个数
GE60    DB    0               ;60~79 的个数
GE80    DB    0               ;80~99 的个数
SORTSTR DB    'Sorted numbers: '
SORTNUM DB    9 DUP(20H,20H,','),20H,20H,0DH,0AH
MESS00  DB    ' 0-59: ',30H,30H,0DH,0AH
MESS60  DB    '60-79: ',30H,30H,0DH,0AH
MESS80  DB    '80-99: ',30H,30H,0DH,0AH,'$'
DATA    ENDS                  ;数据段结束
```

```
;
CODE      SEGMENT                    ;定义代码段
          ASSUME CS: CODE, DS: DATA, ES: DATA
START:    MOV  AX, DATA
          MOV  DS, AX
          MOV  ES, AX
;显示提示信息'Please input 10 numbers'
          LEA  DX, MESSAGE
          DOSFUNC 9                  ;显示 MESSAGE
;从键盘读入数据并转换成二进制数保存
          MOV  CX, 10
          LEA  DI, NUMBERS           ;设置数据保存区指针
LP1_1:    LEA  DX, KB_BUF
          DOSFUNC 0AH                ;从键盘读数据
          CMP  ACTLEN, 0
          JZ   LP1_1
          CMP  ACTLEN, 1
          JNZ  LP1_2
          MOV  AL, BUFFER            ;若只有一个数字
          AND  AL, 0FH               ;转换成二进制数
          JMP  LP1_3
LP1_2:    MOV  AH, BUFFER            ;若有两个数字
          MOV  AL, BUFFER+1
          AND  AX, 0F0FH             ;转换成 BCD 数
          AAD                        ;转换成二进制数
LP1_3:    STOSB                      ;保存数据
          CRLF
          LOOP LP1_1                 ;直到 10 个数据都输入完


;对 NUMBERS 中的 10 个数据排序

          MOV  BL, 9                 ;外循环只需 9 次即可
LP2_1:    LEA  SI, NUMBERS           ;DI 指向第一个数据
          MOV  CL, BL                ;CL 为内循环计数器
LP2_2:    LODSB                      ;? 第一个数 N₁
          CMP  AL, [SI]              ;N₁<=Nⱼ?
          JLE  LP2_3                 ;若小于等于,则不交换
          XCHG AL, [SI]              ;否则,交换 N₁ 和 Nⱼ
          MOV  [SI-1], AL
LP2_3:    DEC  CL
          JNZ  LP2_2                 ;若内循环未结束,则继续
          DEC  BL
          JNZ  LP2_1                 ;若外循环未结束,则继续
```

;对 NUMBERS 中的 10 个数据进行统计,结果放在 GE80,GE60 和 LE59 中

```
            LEA   SI, NUMBERS        ;指向数据保存区
            MOV   CX, 10
LP3_1:      CMP   BYTE PTR[SI], 60
            JGE   LP3_2
            INC   LE59
            JMP   LP3_4
LP3_2:      CMP   BYTE PTR[SI], 80
            JGE   LP3_3
            INC   GE60
            JMP   LP3_4
LP3_3:      INC   GE80
LP3_4:      INC   SI
            LOOP  LP3_1
```

;把排序后的 10 个数据转换成 ASCII 码依次存入 SORTNUM 字符串中

```
            LEA   SI, NUMBERS        ;指向数据保存区
            LEA   DI, SORTNUM        ;指向字符串
            MOV   CX, 10
LP4_1:      LODSB
            CMP   AL, 10             ;大于 10,则有二位数字
            JGE   LP4_2
            ADD   AL, 30H            ;只有一位数字则直接转换
            MOV   AH, 20H            ;高位显示成空格
            JMP   LP4_3
LP4_2:      AAM                      ;转换成二位 BCD 数
            ADD   AX, 3030H          ;转换成 ASCII 码
LP4_3:      XCHG  AH, AL             ;十位数放在 AL 中
            MOV   [DI], AX
            ADD   DI, 3
            LOOP  LP4_1
```

;把统计结果转换成 ASCII 码存入 MESS80,MESS60 和 MESS00 字符串中

```
            MOV   AH, LE59
            CMP   AH, 10             ;大于 10,则有二位数字
            JGE   LP5_1
            ADD   AH, 30H            ;只有一位数字则直接转换
            MOV   AL, 20H            ;高位显示成空格
            JMP   LP5_2
LP5_1:      MOV   AX, 3031H
LP5_2:      MOV   WORD PTR MESS00+6, AX
```

```
                MOV    AH, GE60
                CMP    AH, 10              ;大于 10,则有二位数字
                JGE    LP5_3
                ADD    AH, 30H             ;只有一位数字则直接转换
                MOV    AL, 20H             ;高位显示成空格
                JMP    LP5_4
        LP5_3:  MOV    AX, 3031H
        LP5_4:  MOV    WORD PTR MESS60+6, AX
                MOV    AH, GE80
                CMP    AH, 10              ;大于 10,则有二位数字
                JGE    LP5_5
                ADD    AH, 30H             ;只有一位数字则直接转换
                MOV    AL, 20H             ;高位显示成空格
                JMP    LP5_6
        LP5_5:  MOV    AX, 3031H
        LP5_6:  MOV    WORD PTR MESS80+6, AX
        ;显示排序后的数据和统计结果
                LEA    DX, SORTSTR
                DOSFUNC 9
                DOSFUNC 4CH                ;返回 DOS
        CODE    ENDS                       ;代码段结束
                END  START                 ;程序结束
```

2. 实验 7 程序清单

```
;本程序按以下格式显示时间和日期:
;  3: 32 P.M., Saturday April 26, 2003
;
;显示字符的宏定义
DISP    MACRO CHAR
        PUSH  AX                   ;保存 DX 和 AX
        PUSH  DX
        MOV   DL, CHAR             ;显示字符
        MOV   AH, 2
        INT   21H
        POP   DX
        POP   AX
        ENDM
;
DATA    SEGMENT                    ;数据段开始
;星期名指针表(数组)
D_TAB   DW    SUN,MON,TUE,WED,THU,FRI,SAT
;月份名指针表(数组)
M_TAB   DW    JAN,FEB,MAR,APR,MAY,JUN,JUL,AUG,SEP,OCT,NOV,DCE
```

```
;星期名字符串
SUN     DB      'Sunday$'
MON     DB      'Monday$'
TUE     DB      'Tuesday$'
WED     DB      'Wednesday$'
THU     DB      'Thursday$'
FRI     DB      'Friday$'
SAT     DB      'Saturday$'
;月份名字符串
JAN     DB      'January$'
FEB     DB      'February$'
MAR     DB      'March$'
APR     DB      'April$'
MAY     DB      'May$'
JUN     DB      'June$'
JUL     DB      'July$'
AUG     DB      'August$'
SEP     DB      'September$'
OCT     DB      'October$'
NOV     DB      'November$'
DCE     DB      'December$'
TMT     DB      '.M.,$'
SPACE=          20H             ;空格字符
DATA    ENDS                    ;数据段结束
;
CODE    SEGMENT                 ;代码段开始
        ASSUME  CS: CODE, DS: DATA
START:
        MOV  AX, DATA
        MOV  DS, AX
LLL:
        CALL TIMES              ;显示时间
        CALL DATES              ;显示日期
        DISP 0DH
        DISP 0AH
        MOV  AH, 06H
        MOV  DL, 0FFH
        INT  21H                ;检查是否有键按下
        JE   LLL                ;若没有,则循环显示
        MOV  AH, 4CH            ;否则退回 DOS
        INT  21H
;
;显示时间的子程序
;
```

```
TIMES    PROC NEAR
         MOV  AH, 2CH            ;从 DOS 系统中获取当前时间
         INT  21H
         MOV  BH, 'A'            ;用字符 A 表示 AM,即上午
         CMP  CH, 12
         JB   TIMES1             ;若时间小于中午 12:00
         MOV  BH, 'P'            ;用字符 P 表示 PM,即下午
         SUB  CH, 12            ;规格成 12 小时制
TIMES1:
         OR   CH, CH             ;判定是否为 0 点
         JNE  TIMES2             ;非 0 点
         MOV  CH, 12             ;是 0 点,则转换成 12 点
TIMES2:
         MOV  AL, CH
         MOV  AH, 0
         AAM                     ;将小时值转换成 BCD 码
         OR   AH, AH
         JZ   TIMES3             ;最后没有十位的小时数
         ADD  AH, '0'           ;将小时值的十位数转换成 ASCII 码
         DISP AH                ;显示十位数
TIMES3:
         ADD  AL, '0'           ;将小时值的个位转换成 ASCII 码
         DISP AL                ;显示个位数
         DISP ':'               ;显示冒号
         MOV  AL, CL
         MOV  AH, 0
         AAM                     ;转换分钟数成 BCD 码
         ADD  AX, 3030H         ;转换分钟数成 ASCII 码
         PUSH AX
         DISP AH                ;显示分钟数的十位
         POP  AX
         DISP AL                ;显示分钟数的个位
         DISP SPACE             ;显示空格
         DISP BH                ;显示字符 A 或 P
         LEA  DX, TMT           ;显示'.M.,'
         MOV  AH, 9
         INT  21H
         DISP SPACE             ;显示空格
         RET
TIMES    ENDP
;
;显示日期的子程序
;
DATES    PROC NEAR
```

```
        MOV   AH, 2AH               ;从 DOS 系统中获取当前日期
        INT   21H
        PUSH  DX
        MOV   AH, 0                  ;(AX)=星期值(0~6)
        ADD   AX, AX                 ;星期值*2得到在星期名指针表中的位移量
        LEA   SI, D_TAB              ;取星期名指针表的基地址
        ADD   SI, AX                 ;指针存储地址=表基地址+表内位移量
        MOV   DX, [SI]               ;取得星期名的首地址
        MOV   AH, 9                  ;显示今天星期几
        INT   21H
        DISP  SPACE                  ;显示空格
        POP   DX
        PUSH  DX
        MOV   AL, DH                 ;获取月份值
        DEC   AL                     ;(AX)=月份值(0~11)
        MOV   AH, 0
        ADD   AX, AX                 ;月份值*2得到在月份名指针表中的位移量
        LEA   SI, M_TAB              ;取月份名指针表的基地址
        ADD   SI, AX                 ;指针存储地址=表基地址+表内位移量
        MOV   DX, [SI]               ;取得月份名的首地址
        MOV   AH, 9                  ;显示月份名
        INT   21H
        DISP  SPACE                  ;显示空格
        POP   DX
        MOV   AL, DL                 ;取出日期
        MOV   AH, 0
        AAM                          ;转换为 BCD 码
        OR    AH, AH
        JZ    DATES1                 ;日期的十位为 0,则仅转换个位
        ADD   AH, 30H                ;将日期十位转换成 ASCII 码
        DISP  AH                     ;显示日期十位
DATES1:
        ADD   AL, 30H                ;将日期个位转换为 ASCII 码
        DISP  AL                     ;显示日期个位
        DISP  ','                    ;显示逗号
        DISP  SPACE
        CMP   CX, 2000               ;检测是否大于等于 2000 年
        JB    DATES2                 ;若小于 2000 年,转显示'19'
        DISP  '2'                    ;年份大于等于 2000 年,则显示'20'
        DISP  '0'
        SUB   CX, 100                ;年份-2000,此处先减 100,后面再减 1900
        JMP   DATES3
DATES2:
        DISP  '1'                    ;年份小于 2000 年,显示'19'
```

```
                DISP  '9'
DATES3:
                SUB   CX, 1900          ;规整在 00~99 之间
                MOV   AX, CX
                AAM                     ;转换成 BCD 码
                ADD   AX, 3030H         ;转换成 ASCII 码
                DISP  AH
                DISP  AL
                RET
DATES    ENDP
;
CODE     ENDS                           ;代码段结束
                END   START
```

A.2   硬件接口部分

1. 实验 10 中的存储器扩充程序清单

```
DATA     SEGMENT                        ;定义数据段
MESSAGE  DB     'Please enter a key to show the contents...', 0DH, 0AH, '$'
DATA     ENDS                           ;数据段结束
;
CODE     SEGMENT                        ;定义代码段
                ASSUME CS: CODE, DS: DATA, ES: NOTHING
START:   MOV   AX, DATA
                MOV   DS, AX
;往扩充的内存区域连续填充'A'-'Z',共 256 个字符
                MOV   AX, 0D000H        ;ES 寄存器指向扩充内存区域
                MOV   ES, AX
                MOV   DI, 0             ;扩充内存区域的偏移地址从 0 开始
                MOV   CX, 256           ;填充的字符数
                MOV   AL, 'A'           ;从 'A'字符开始填充
FILL:    STOSB                          ;字符存入扩充的内存区域
                INC   AL
                CMP   AL, 'Z'+1         ;是否超过'Z'字符
                JNZ   LP1               ;不是,直接循环
                MOV   AL, 'A'           ;否则重新从'A'开始填充
LP1:     LOOP  FILL

;显示提示信息,等待任意一个按键
                LEA   DX, MESSAGE
                MOV   AH, 9             ;显示提示信息
                INT   21H
```

```
        MOV   AH, 1              ;等待按键
        INT   21H

;从扩充的内存区域顺序取出字符显示在屏幕上

        MOV   SI, 0
        MOV   CX, 256
DISP:   MOV   DL, ES:[SI]        ;取出扩充内存中的内容并显示
        MOV   AH, 2
        INT   21H
        INC   SI
        LOOP  DISP
;程序结束
        MOV   AX, 4C00H          ;返回 DOS
        INT   21H
CODE    ENDS                     ;代码段结束
        END   START
```

2. 实验 12 中的交通灯控制程序清单

```
DATA    SEGMENT
STABLE  DB    24H                ;南北绿灯亮,东西红灯亮
        DB    44H,04H,44H,04H,44H,04H  ;南北黄灯闪,东西红灯亮
        DB    81H                ;南北红灯亮,东西绿灯亮
        DB    82H,80H,82H,80H,82H,80H  ;南北红灯亮,东西黄灯闪
        DB    0FFH               ;结束标志
DATA    ENDS
;
CODE    SEGMENT
        ASSUME  CS:CODE, DS:DATA
START:  MOV   AX, DATA
        MOV   DS, AX
        MOV   DX, 28BH
        MOV   AL, 90H
        OUT   DX, AL             ;设置 8255 为 C 口输出
        MOV   DX, 28AH
RE_ON:  MOV   BX, 0
ON:     MOV   AL, STABLE[BX]
        CMP   AL, 0FFH
        JZ    RE_ON
        OUT   DX, AL             ;点亮相应的灯
        INC   BX
        MOV   CX, 20             ;赋延时参数初值
        TEST  AL, 21H            ;是否有绿灯亮
```

```
            JZ    DE1                 ;没有,短延时
            MOV   CX, 2000            ;有,长延时
DE1:        MOV   DI, 9000
DE0:        DEC   DI
            JNZ   DE0
            LOOP  DE1
            MOV   AH, 1              ;是否有键按下?
            INT   16H
            JE    ON                 ;没有则循环
EXIT:       MOV   AH, 4CH            ;有则退回 DOS
            INT   21H
CODE        ENDS
            END   START
```

3. 实验 13 中的中断程序清单

```
DATA        SEGMENT
MESSAGE DB  'THIS IS A IRQ7 INTRUPT!', 0AH, 0DH, '$'
OLD_VCT DD  ?                        ;存放原来的中断向量
OLD_IMR DB  ?                        ;存放 8259 的中断屏蔽寄存器的内容
INT_CNT DB  ?                        ;中断次数
DATA        ENDS
;
CODE        SEGMENT
            ASSUME  CS: CODE, DS: DATA
START:      MOV   AX, DATA
            MOV   DS, AX
            MOV   AH, 35H            ;取原中断向量
            INT   21H
            LEA   SI, OLD_VCT
            MOV   [SI], BX           ;保存到本地数据段中
            MOV   [SI+2], ES
            MOV   AX, CS             ;中断处理程序的首地址送入 DS:DX
            MOV   DS, AX
            LEA   DX, IRQ7
            MOV   AX, 250FH
            INT   21H                ;设 IRQ7 的中断向量
            MOV   AX, DATA
            MOV   DS, AX
            IN    AL, 21H            ;读中断屏蔽寄存器
            MOV   OLD_IMR, AL        ;保存原来的 IMR 内容
            AND   AL, 7FH            ;bit7 清零,开放 IRQ7 中断
            OUT   21H, AL
            MOV   INT_CNT, 10        ;置中断循环次数为 10 次
```

```
LL:        CMP    INT_CNT, 0          ;等待中断 10 次
           JNZ    LL
           MOV    AL, OLD_IMR         ;已发生 10 次中断
           OUT    21H, AL            ;恢复原来的 IMR 内容
           LEA    SI, OLD_VCT
           MOV    DS, [SI+2]
           MOV    DX, [SI]
           MOV    AX, 250FH
           INT    21H                ;恢复 IRQ7 的中断向量
           STI                       ;允许中断
           MOV    AH, 4CH            ;返回 DOS
           INT    21H
;
; IRQ7 中断服务程序
;
IRQ7    PROC FAR
           LEA    DX, MESSAGE        ;显示提示信息
           MOV    AH, 9
           INT    21H
           CMP    INT_CNT, 0         ;若中断计数已减到 0,则不再减 1
           JZ     NEXT
           DEC    INT_CNT            ;中断计数减 1
NEXT:      MOV    AL, 20H
           OUT    20H, AL            ;向 8259 发 EOI 命令,结束本次中断
           IRET
IRQ7    ENDP
;
CODE    ENDS
        END    START
```

4. 实验 14 中的 8255 方式 1 输出接口程序清单

```
DATA     SEGMENT
OLD_VCT  DD     ?                    ;用于保存原来的中断向量
OLD_IMR  DB     ?                    ;用于保存 8259 的中断屏蔽寄存器的内容
DATA     ENDS
;
CODE     SEGMENT
         ASSUME  CS: CODE, DS: DATA
START:   MOV    AX, DATA
         MOV    DS, AX
         MOV    AH, 35H              ;取原中断向量
         INT    21H
         LEA    SI, OLD_VCT
```

```
        MOV    [SI], BX              ;保存到本地数据段中
        MOV    [SI+2], ES
        MOV    AX, CS               ;中断处理程序的首地址送 DS：DX
        MOV    DS, AX
        LEA    DX, IRQ7
        MOV    AX, 250FH
        INT    21H                  ;设 IRQ7 的中断向量
        MOV    AX, DATA
        MOV    DS, AX
        IN     AL, 21H              ;读中断屏蔽寄存器
        MOV    OLD_IMR, AL          ;保存原来的 IMR 内容
        AND    AL, 7FH              ;开放 8255 IRQ7 中断
        OUT    DX, AL
        MOV    AL, 0A0H             ;置 8255 为 A 口方式 1 输出
        MOV    DX, 28BH
        OUT    DX, AL
        MOV    AL, 0DH              ;将 PC6 置位 (INTE1=1)
        OUT    DX, AL
        MOV    BL, 1                ;发光二极管从右往左轮流点亮
LL:     CMP    BL, 0                ;全部亮过一遍？
        JNZ    LL                   ;否,循环等待
        MOV    AL, OLD_IMR          ;是,准备退出
        OUT    21H, AL              ;恢复原来的 IMR 内容
        LEA    SI, OLD_VCT
        MOV    DS, [SI+2]
        MOV    DX, [SI]
        MOV    AX, 250FH
        INT    21H                  ;恢复原 IRQ7 的中断向量
        STI                         ;允许中断
        MOV    AH, 4CH              ;返回 DOS
        INT    21H
;
;IRQ7 中断服务程序
;
IRQ7    PROC FAR
        MOV    AL, BL
        MOV    DX, 288H             ;将 BL 的内容从 8255 的 A 口输出
        OUT    DX, AL
        CMP    BL, 0
        JZ     NEXT                 ;中断次数=8,不再点亮发光二极管
        SHL    BL, 1                ;否则,点亮左边的发光二极管
NEXT:   MOV    AL, 20H
        OUT    20H, AL
        IRET
```

```
IRQ7      ENDP
;
CODE      ENDS
          END   START
```

5. 实验 14 中的 8255 方式 1 输入接口程序清单

```
DATA    SEGMENT
OLD_VCT DD    ?                 ;存放原来的中断向量
OLD_IMR DB    ?                 ;存放 8259 的中断屏蔽寄存器的内容
INT_CNT DB    ?                 ;中断次数
DATA    ENDS
;
CODE    SEGMENT
        ASSUME CS: CODE, DS: DATA
START:  MOV   AX, DATA
        MOV   DS, AX
        MOV   AH, 35H           ;取原中断向量
        INT   21H
        LEA   SI, OLD_VCT
        MOV   [SI], BX          ;保存到本地数据段中
        MOV   [SI+2], ES
        MOV   AX, CS            ;中断处理程序的首地址送 DS:DX
        MOV   DS, AX
        LEA   DX, IRQ7
        MOV   AX, 250FH
        INT   21H               ;设 IRQ7 的中断向量
        MOV   AX, DATA
        MOV   DS, AX
        IN    AL, 21H           ;读中断屏蔽寄存器
        MOV   OLD_IMR, AL       ;保存原来的 IMR 内容
        AND   AL, 7FH           ;开放 8255 IRQ7 中断
        OUT   DX, AL
        MOV   AL, 0B8H          ;设 8255 为 A 口方式 1 输入
        MOV   DX, 28BH
        OUT   DX, AL
        MOV   AL, 09H           ;将 PC4 置位 (INTE2=1)
        OUT   DX, AL
        MOV   INT_CNT, 8        ;设置中断次数计数器=8 次
LL:     CMP   INT_CNT, 0        ;等待中断 8 次
        JNZ   LL
        MOV   AL, OLD_IMR       ;已发生 8 次中断
        OUT   21H, AL           ;恢复原来的 IMR 内容
        LEA   SI, OLD_VCT
```

```
        MOV   DS, [SI+2]
        MOV   DX, [SI]
        MOV   AX, 250FH
        INT   21H                    ;恢复 IRQ7 的中断向量
        STI                          ;允许中断
        MOV   AH, 4CH                ;返回 DOS
        INT   21H
;
;IRQ7 中断服务程序
;
IRQ7    PROC  FAR
        MOV   DX, 288H               ;从 8255 的 A 口输入一个数据
        IN    AL, DX
        MOV   DL, AL                 ;显示该 ASCII 码对应的字符
        MOV   AH, 2
        INT   21H
        MOV   DL, 0DH                ;回车
        INT   21H
        MOV   DL, 0AH                ;换行
        INT   21H
        CMP   INT_CNT, 0             ;若中断计数已减到 0,则不再减 1
        JZ    NEXT
        DEC   INT_CNT                ;中断计数减 1
NEXT:   MOV   AL, 20H
        OUT   20H, AL                ;向 8259 发 EOI 命令,结束本次中断
        IRET
IRQ7    ENDP
;
CODE    ENDS
        END   START
```

6. 实验 15 中的 8250 串行通信程序清单

```
PORTBASE    EQU   2B8H
DATA        SEGMENT
MESSAGE DB  'You can play a key on the keyboard!', 0DH, 0AH
        DB  'ESC quit to DOS!', 0AH, 0DH, '$'
DATA        ENDS
;
CODE        SEGMENT
        ASSUME  CS: CODE, DS: DATA
START:  MOV   AX, DATA
        MOV   DS, AX
        MOV   AL, 80H                ;设置 DLAB=1
```

```
            MOV   DX, PORTBASE+3
            OUT   DX, AL
            MOV   AL, 13            ;设置除数因子寄存器高字节
            MOV   DX, PORTBASE+0
            OUT   DX, AL
            MOV   AL, 0             ;设置除数因子寄存器低字节,9600 波特
            MOV   DX, PORTBASE+1
            OUT   DX, AL
            MOV   AL, 00011011B     ;DLAB=0,8个数据位,1个停止位
            MOV   DX, PORTBASE+3
            OUT   DX, AL
            MOV   AL, 0
            MOV   DX, PORTBASE+1
            OUT   DX, AL            ;不允许中断
            MOV   DX, OFFSET MESSAGE
            MOV   AH, 9
            INT   21H
WAIT1:      MOV   DX, PORTBASE+5
            IN    AL, DX           ;读取线路状态
            TEST  AL, 20H          ;发送保持寄存器空否?
            JZ    WAIT1            ;若不空,则循环等待
            MOV   AH, 1
            INT   21H             ;从键盘得到数据
            CMP   AL, 27
            JZ    EXIT             ;是 Esc 键,则退出
            INC   AL              ;ASCII 码加 1,并发送
            MOV   DX, PORTBASE+0
            OUT   DX, AL
            MOV   CX, 500H
LLL:        LOOP  LLL
NEXT:       MOV   DX, PORTBASE+5
            IN    AL, DX
            TEST  AL, 1            ;是否接收到数据?
            JZ    NEXT             ;没有,则等待
            MOV   DX, PORTBASE+0
            IN    AL, DX           ;读入数据
            MOV   DL, AL
            MOV   AH, 2
            INT   21H             ;显示数据
            JMP   WAIT1
EXIT:       MOV   AH, 4CH
            INT   21H
CODE        ENDS
            END   START
```

7. 实验 17 中的 A/D 数据显示程序清单

```
DISP_CHAR  MACRO  CHAR          ;显示字符的宏
        MOV  DL, CHAR
        MOV  AH, 2
        INT  21H
        ENDM
;
CODE    SEGMENT
        ASSUME CS: CODE
START:  MOV  DX, 298H            ;启动 A/D 转换器
        OUT  DX, AL
        MOV  CX, 500H            ;延时(在较快的微机上,此值应适当加大)
DELAY:  LOOP DELAY
        IN   AL, DX              ;从 A/D 转换器输入数据
        CALL DISP               ;显示输入的数据
        MOV  AH, 1               ;检测有无键按下
        INT  16H
        JZ   START              ;若没有,则循环
        MOV  AH, 4CH
        INT  21H
;显示 AL 中的 2 位十六进制数的子程序
DISP    PROC
        MOV  BL, AL              ;保存 AL
        MOV  CL, 4
        SHR  AL, CL              ;把高 4 位移到低 4 位
        CALL DISP_AL            ;调显示子程序显示高位十六进制数
        MOV  AL, BL
        AND  AL, 0FH
        CALL DISP_AL            ;调显示子程序显示低位十六进制数
        DISP_CHAR  0DH          ;显示回车换行
        DISP_CHAR  0AH
        RET
DISP    ENDP
;显示 AL 低 4 位的子程序
DISP_AL PROC
        CMP  AL, 9              ;是否为'0'～'9'?
        JLE  YES
        ADD  AL, 7             ;'A'～'F'应多加 7
YES:    ADD  AL, 30H          ;转换成 ASCII 码
        DISP_CHAR  AL
        RET
DISP_AL ENDP
;程序结束
```

```
        CODE    ENDS
                END    START
```

8. 实验 17 中的 A/D 转换器实验波形显示程序清单

```
DELAY   MACRO                       ;延时的宏定义
        PUSH CX
        MOV  CX, 500H               ;微机速度较快时,此值应适当加大
LLL:    LOOP LLL
        POP  CX
        ENDM
;
CODE    SEGMENT
        ASSUME  CS: CODE
START:  MOV  AX, 0012H              ;设屏幕显示方式为 VGA 640×480 模式
        INT  10H
        AND  CX, 0                  ;CX 为横坐标
DRAW:   MOV  DX, 299H               ;启动 A/D 转换器通道 1
        OUT  DX, AL
        DELAY                       ;延时
        IN   AL, DX                 ;输入数据
        MOV  AH, 0
        MOV  DX, 19FH               ;DX 为纵坐标
        SUB  DX, AX
        MOV  AL, 0AH                ;设置颜色
        MOV  AH, 0CH                ;画点
        INT  10H
        CMP  CX, 639                ;一行是否画完
        JZ   START                  ;是则转 START
        INC  CX                     ;继续画点
        MOV  AH, 1                  ;是否有键按下
        INT  16H
        JE   DRAW                   ;无则继续画点
        MOV  AX, 0003H              ;有则恢复屏幕为字符方式
        INT  10H
        MOV  AH, 4CH                ;返回 DOS
        INT  21H
CODE    ENDS
        END    START
```

9. 实验 18 中的步进电动机控制实验程序清单

```
PORTBASE EQU 288H                   ;8255I/O 基地址
;
```

```
DATA      SEGMENT
EXCITE    DB    0                    ;励磁控制数据
BACKUP    DB    0                    ;用于保存停止转动前的励磁控制数据
PROMPT    DB    'K0-K6 are speed control: ', 0AH, 0DH
          DB    ' K6 is the lowest speed, K0 is the highest speed.', 0AH, 0DH
          DB    'K7 is direction control.', 0AH, 0DH, '$'
DATA      ENDS
;
CODE      SEGMENT
          ASSUME  CS: CODE, DS: DATA
MAIN:     MOV   AX, DATA
          MOV   DS, AX
          LEA   DX, PROMPT
          MOV   AH, 9
          INT   21H
          MOV   DX, PORTBASE+3
          MOV   AL, 8BH              ;方式 0, C 口输入, A 口输出
          OUT   DX, AL
          MOV   EXCITE, 33H          ;初始化励磁控制数据
;以下为控制步进电机的循环
OUT1:     MOV   AL, EXCITE
          MOV   DX, PORTBASE
          OUT   DX, AL               ;励磁数据从 A 口输出
          MOV   AH, 1
          INT   16H                  ;测试键盘上有无键按下
          JE    IN1                  ;没有则继续工作
          MOV   AH, 4CH              ;否则退回 DOS
          INT   21H
;从 C 口读入开关 K 状态,并测试 K0~K6,若有任一位为 1,则设置相应的延时参数
IN1:      MOV   DX, PORTBASE+2       ;C 口地址
          IN    AL, DX
          MOV   BL, 10H
          TEST  AL, 01H
          JNZ   DIR
          MOV   BL, 18H
          TEST  AL, 02H
          JNZ   DIR
          MOV   BL, 20H
          TEST  AL, 04H
          JNZ   DIR
          MOV   BL, 40H
          TEST  AL, 08H
          JNZ   DIR
          MOV   BL, 80H
```

```
        TEST  AL, 10H
        JNZ   DIR
        MOV   BL, 0C0H
        TEST  AL, 20H
        JNZ   DIR
        MOV   BL, 0FFH
        TEST  AL, 40H
        JNZ   DIR
;若 K0~K6 都为 0,则电机停止旋转
        CMP   EXCITE, 0FFH      ;电机已在停止状态?
        JZ    OUT1
        MOV   AL, EXCITE        ;保存当前励磁控制数据
        MOV   BACKUP, AL
        MOV   EXCITE, 0FFH      ;电机停止旋转
        JMP   OUT1
;根据 K0~K6 以及 K7 的状态对步进电机进行控制
DIR:    CMP   EXCITE, 0FFH      ;电机在停止状态?
        JNZ   DIR1
        MOV   AH, BACKUP        ;恢复保存的励磁控制数据
        MOV   EXCITE, AH
DIR1:   CALL  DELAY
        TEST  AL, 80H           ;K7 是否为 1
        JNZ   DIR2
        ROR   EXCITE, 1         ;励磁控制数据循环右移一位
        JMP   OUT1
DIR2:   ROL   EXCITE, 1         ;励磁控制数据循环左移一位
        JMP   OUT1
;
;延时子程序,进入时 BL 中有延时参数
;
DELAY   PROC NEAR
        MOV   CX, 5A40H         ;应根据微机速度调整此参数
DELAY1: LOOP DELAY1
        DEC   BL
        JNZ   DELAY
        RET
DELAY   ENDP
;程序结束
CODE    ENDS
        END   MAIN
```

附 **B** 录　TD.EXE 的使用说明

TD. EXE(简称 TD)是一个具有窗口界面的程序调试器。利用 TD,用户能够调试已有的可执行程序(后缀为 EXE);用户也可以在 TD 中直接输入程序指令,编写简单的程序(在这种情况下,用户每输入一条指令,TD 就立即将输入的指令汇编成机器指令代码)。作为入门指导,下面简单介绍一下 TD 的使用方法,更详细深入的使用说明请参考相关资料。

B. 1　如何启动 TD

1. 在 DOS 窗口中启动 TD

(1) 仅启动 TD 而不载入要调试的程序

转到 TD. EXE 所在目录(假定为 C:\ASM),在 DOS 提示符下键入以下命令(用户只需输入带下划线的部分,↙ 表示回车键,下同):

```
C:\ASM> TD ↙
```

用这种方法启动 TD,TD 会显示一个版权对话框,这时按回车键即可关掉该对话框。

(2) 启动 TD 并同时载入要调试的程序

转到 TD. EXE 所在目录,在 DOS 提示符下键入以下命令(假定要调试的程序名为 HELLO. EXE):

```
C:\ASM> TD HELLO.EXE ↙
```

若建立可执行文件时未生成符号名表,TD 启动后会显示"Program has no symbol table"的提示窗口,这时按回车键即可关掉该窗口。

2. 在 Windows 中启动 TD

(1) 仅启动 TD 而不载入要调试的程序

双击 TD. EXE 文件名,Windows 就会打开一个 DOS 窗口并启动 TD。启动 TD 后会显示一个版权对话框,这时按回车键即可关掉该对话框。

（2）启动 TD 并同时载入要调试的程序

把要调试的可执行文件拖到 TD. EXE 文件名上，Windows 就会打开一个 DOS 窗口并启动 TD，然后 TD 会把该可执行文件自动载入内存供用户调试。若建立可执行文件时未生成符号名表，TD 启动后会显示"Program has no symbol table"的提示窗口，这时按回车键即可关掉该窗口。

B. 2　TD 中的数制

TD 支持各种进位计数制，但通常情况下屏幕上显示的机器指令码、内存地址及内容、寄存器的内容等均按十六进制显示（数值后省略"H"）。在 TD 的很多操作中，需要用户输入一些数据、地址等，在输入时应遵循计算机中数的计数制标识规范：

- 十进制数后面加"D"或"d"，如 119d、85d 等；
- 八进制数后面加"O"或"o"，如 134o、77o 等；
- 二进制数后面加"B"或"b"，如 10010001b 等；
- 十六进制数后面加"H"或"h"，如 38h、0a5h、0ffh 等。

如果在输入的数后面没有用计数制标识字母来标识其计数制，TD 默认该数为十六进制数。但应注意，如果十六进制数的第一个数字为"a"～"f"，则前面应加 0，以区别于符号和名字。

TD 允许在常数前面加上正负号。例如，十进制数的－12 可以输入为－12d，十六进制数的－5a 可以输入为－5ah，TD 自动会把输入的带正负号的数转换为十六进制补码数。只有一个例外，当数据区的显示格式为字节，若要修改存储单元的内容则不允许用带有正负号的数，而只能按手工转换成补码后再输入。

本实验指导书中所有的实验在输入程序或数据时，若没有特别说明，都可按十六进制数进行输入，若程序中需要输入负数，可按上述规则进行输入。

B. 3　TD 的用户界面

1. CPU 窗口

TD 启动后呈现的是一个具有窗口形式的用户界面（如图 B-1 所示），称为 CPU 窗口。CPU 窗口显示了 CPU 和内存的整个状态。利用 CPU 窗口可以完成以下工作：

- 在代码区内使用嵌入汇编，输入指令或对程序进行临时性修改。
- 存取数据区中任何数据结构下的字节，并以多种格式显示或改变它们。
- 检查和改变寄存器（包括标志寄存器）的内容。

CPU 窗口分为五个区域：代码区、寄存器区、标志区、数据区和堆栈区。

在五个区域中，光标所在区域称为当前区域，用户可以使用 Tab 键或 Shift＋Tab 键切换当前区域,也可以在相应区中单击鼠标左键选中某区为当前区。光标在各个区域中显示形式稍有不同,在代码区、寄存器区、标志区和堆栈区呈现为一个反白条,在存储器区为下划线形状。

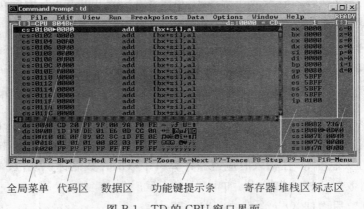

全局菜单　代码区　数据区　功能键提示条　寄存器 堆栈区 标志区

图 B-1　TD 的 CPU 窗口界面

在图 B-1 中,CPU 窗口上边框的左边显示的是处理器的类型(8086、80286、80386、80486 等,对于 80486 以上的 CPU 均显示为 80486)。上边框的中间靠右处显示了当前指令所访问的内存单元的地址及内容。再往右的"1"表示此 CPU 窗口是第一个 CPU 窗口,TD 允许同时打开多个 CPU 窗口。

CPU 窗口中的代码区用于显示指令地址、指令的机器代码以及相应的汇编指令;寄存器区用于显示 CPU 寄存器当前的内容;标志区用于显示 CPU 的 8 个标志位当前的状态;数据区用于显示用户指定的一块内存区的数据(十六进制);堆栈区用于显示堆栈当前的内容。

在代码区和堆栈区分别显示有一个特殊标志(▶),称为箭标。代码区中的箭标指示出当前程序指令的位置(CS:IP),堆栈区中的箭标指示出当前堆栈指针位置(SS:SP)。

2. 全局菜单介绍

CPU 窗口的上面为 TD 的全局菜单条,可用"Alt 键＋菜单项首字符"打开菜单项对应的下拉子菜单。在子菜单中用"↑"、"↓"键选择所需的功能,按回车键即可执行选择的功能。为简化操作,某些常用的子菜单项后标出了对应的快捷键。下面简单介绍一下常用的菜单命令,详细的说明请查阅相关资料。

(1) File 菜单——文件操作

Open　载入可执行程序文件准备调试

Change dir　改变当前目录

Get info　显示被调试程序的信息

DOS shell　执行 DOS 命令解释器(用 EXIT 命令退回到 TD)

Quit　退出 TD(Alt＋X)

（2）Edit 菜单——文本编辑

Copy　复制当前光标所在内存单元的内容到粘贴板（Shift＋F3）

Paste　把粘贴板的内容粘贴到当前光标所在内存单元（Shift＋F4）

（3）View 菜单——打开一个信息查看窗口

Breakpoints　断点信息

Stack　堆栈段内容

Watches　被监视对象信息

Variables　变量信息

Module　模块信息

File　文件内容

CPU　打开一个新的 CPU 窗口

Dump　数据段内容

Registers　寄存器内容

（4）Run 菜单——执行

Run　从 CS：IP 开始运行程序直到程序结束（F9）

Go to cursor　从 CS：IP 开始运行程序到光标处（F4）

Trace into　单步跟踪执行（对 CALL 指令将跟踪进入子程序）（F7）

Step over　单步跟踪执行（对 CALL 指令将执行完子程序才停下）（F8）

Execute to　执行到指定位置（Alt＋F9）

Until return　执行当前子程序直到退出（Alt＋F8）

（5）Breakpoints 菜单——断点功能

Toggle　在当前光标处设置/清除断点（F2）

At　在指定地址处设置断点（Alt＋F2）

Delete all　清除所有断点

（6）Data 菜单——数据查看

Inspector　打开观察器以查看指定的变量或表达式

Evaluate/Modify　计算和显示表达式的值

Add watch　增加一个新的表达式到观察器窗口

（7）Option 菜单——杂项

Display options　设置屏幕显示的外观

Path for source　指定源文件查找目录

Save options　保存当前选项

（8）Window 菜单——窗口操作

Zoom　放大/还原当前窗口（F5）

Next　转到下一窗口（F6）

Next Pane　转到当前窗口的下一区域（Tab）

Size/Move　改变窗口大小/移动窗口（Ctrl＋F5）

Close　关闭当前窗口（Alt＋F3）

User screen 查看用户程序的显示(Alt+F5)

3. 功能键提示条

菜单中的很多命令都可以使用功能键来简化操作。功能键分为三组：F1～F10功能键，Alt+F1～Alt+F10功能键以及Ctrl功能键(Ctrl功能键实际上就是代码区的局部菜单)。CPU窗口下面的提示条中显示了这三组功能键对应的功能。通常情况下提示条中显示的是F1～F10功能键的功能。按住Alt不放，提示条中将显示Alt+F1～Alt+F10功能键的功能。按住Ctrl不放，提示条中将显示各Ctrl功能键的功能。表B-1列出了各功能键对应的功能。

表 B-1 各功能键的功能

功能键	功 能	功能键	功 能
F1	帮助	Alt+F6	Undo 关窗
F2	设/清断点	Alt+F7	指令跟踪
F3	查看模块	Alt+F8	跟踪到返回
F4	运行到光标	Alt+F9	执行到某处
F5	放大窗口	Alt+F10	局部菜单
F6	下一窗口	Ctrl+G	定位到指定地址
F7	跟踪进入	Ctrl+O	定位到 CS:IP
F8	单步跟踪	Ctrl+F	定位到指令目的地址
F9	执行程序	Ctrl+C	定位到调用者
F10	激活菜单	Ctrl+P	定位到前一个地址
Alt+F1	帮助	Ctrl+S	查找指定的指令
Alt+F2	设置断点	Ctrl+V	查看源代码
Alt+F3	关闭窗口	Ctrl+M	选择代码显示方式
Alt+F4	Undo 跟踪	Ctrl+N	更新 CS:IP
Alt+F5	用户屏幕		

4. 局部菜单

TD的CPU窗口中，每个区域都有一个局部菜单，局部菜单提供了对本区域进行操作的各个命令。在当前区域中按Alt+F10键即可激活本区域的局部菜单。代码区、数据区、堆栈区和寄存器区的局部菜单见图B-2～图B-5所示。标志区的局部菜单非常简单，故没有再给出其图示。对局部菜单中各个命令的解释将在下面几节中分别进行说明。

图 B-2　代码区的局部菜单

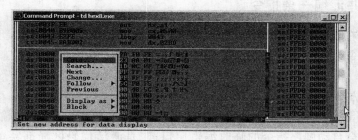

图 B-3　数据区的局部菜单

图 B-4　堆栈区的局部菜单

图 B-5　寄存器区的局部菜单

B.4　代码区的操作

　　代码区用来显示代码(程序)的地址、代码的机器指令和代码的反汇编指令。本区中显示的反汇编指令依赖于所指定的程序起始地址。TD 自动反汇编代码区的机器代码并显示对应的汇编指令。

每条反汇编指令的最左端是其地址,如果段地址与 CS 段寄存器的内容相同,则只显示字母"CS"和偏移量(CS:YYYY),否则显示完整的十六进制的段地址和偏移地址(XXXX:YYYY)。地址与反汇编指令之间显示的是指令的机器码。如果代码区当前光标所在指令引用了一个内存单元地址,则该内存单元地址和内存单元的当前内容显示在CPU 窗口顶部边框的右部,这样不仅可以看到指令操作码,还可看到指令要访问的内存单元的内容。

1. 输入并汇编一条指令

有时需要在代码区临时输入一些指令。TD 提供了即时汇编功能,允许用户在 TD 中直接输入指令(但直接输入的指令都是临时性的,不能保存到磁盘上)。直接输入指令的步骤如下:

(1)使用方向键把光标移到期望的地址处。

(2)打开指令编辑窗口。有两种方法:一是直接输入汇编指令,在输入汇编指令的同时屏幕上就会自动弹出指令的临时编辑窗口;二是激活代码区局部菜单(见第 B.5 小节),选择其中的汇编命令,屏幕上也会自动弹出指令的临时编辑窗口。

(3)在临时编辑窗口中输入/编辑指令,每输入完一条指令,按回车,输入的指令即可出现在光标处,同时光标自动下移一行,以便输入下一条指令。注意,临时编辑窗口中曾经输入过的指令均可重复使用,只要在临时编辑窗口中用方向键把光标定位到所需的指令处,按回车即可。如果临时编辑窗口中没有完全相同的指令,但只要有相似的指令,就可对其进行编辑后重复使用。

2. 代码区局部菜单

当代码区为当前区域时(若代码区不是当前区域,可连续按 Tab 或 Shift+Tab 键使代码区成为当前区域),按 Alt+F10 组合键即可激活代码区局部菜单,代码区局部菜单的外观见图 B-2。下面介绍一下各菜单项的功能。

Goto(转到指定位置)

此命令可在代码区显示任意指定地址开始的指令序列。用户可以键入当前被调试程序以外的地址以检查 ROM、BIOS、DOS 及其他驻留程序。此命令要求用户提供要显示的代码起始地址。使用 Previous 命令可以恢复到本命令使用前的代码区位置。

Origin(回到起始位置)

从 CS:IP 指向的程序位置开始显示。在移动光标使屏幕滚动后想返回起始位置时可使用此命令。使用 Previous 命令可恢复到本命令使用前的代码区位置。

Follow(追踪指令转移位置)

从当前指令所要转向的目的地址处开始显示。使用本命令后,整个代码区从新地址处开始显示。对于条件转移指令(JE、JNZ、LOOP、JCXZ 等),无论条件满足与否,都能追踪到其目的地址。也可以对 CALL、JMP 及 INT 指令进行追踪。使用 Previous 命令可恢复到本命令使用前的代码区位置。

Caller（转到调用者）

从调用当前子程序的 CALL 指令处开始显示。本命令用于找出当前显示的子程序在何处被调用。使用 Previous 命令可恢复到本命令使用前的代码区位置。

Previous（返回到前一次显示位置）

如果上一条命令改变了显示地址,本命令能恢复上一条命令被使用前的显示地址。注意光标键、PgUp、PgDn 不会改变显示地址。若重复使用本命令,则在当前显示地址和前一次显示地址之间切换。

Search（搜索）

本命令用于搜索指令或字节列表。注意,本命令只能搜索那些不改变内存内容的指令,如:

```
PUSH  DX
POP   [DI+4]
ADD   AX,100
```

若搜索以下指令可能会产生意想不到的结果:

```
JE    123
CALL MYFUNC
LOOP 100
```

View Source（查看源代码）

本命令打开源模块窗口,显示与当前反汇编指令相应的源代码。如果代码区的指令序列没有源程序代码,则本命令不起作用。

Mixed（混合）

本命令用于选择指令与代码的显示方式,有三个选择:

- No 只显示反汇编指令,不显示源代码行。
- Yes 如当前模块为高级语言源模块,应使用此选择。源代码行被显示在第一条反汇编指令之前。
- Both 如当前模块为汇编语言源模块,应使用此选择。在有源代码行的地方就显示该源代码行,否则显示汇编指令。

New CS:IP（设置 CS:IP 为当前指令行的地址）

本命令把 CS:IP 设置为当前指令所在的地址,以便使程序从当前指令处开始执行。用这种方法可以执行任意一段指令序列,或者跳过那些不希望执行的程序段。注意,不要使用本命令把 CS:IP 设置为当前子程序以外的地址,否则有可能引起整个程序崩溃。

Assemble（即时汇编）

本命令可即时汇编一条指令,以代替当前行的那条指令。注意,若新汇编的指令与当前行的指令长度不同,其后面机器代码的反汇编显示会发生变化。

也可以直接在当前行处输入一条汇编指令来激活此命令。

I/O（输入/输出）

本命令用于对 I/O 端口进行读写。选择此命令后,会再弹出下一级子菜单,如图 B-6 所示。子菜单中的命令解释如下:

In byte（输入字节）

用于从 I/O 端口输入一个字节。用户需提供端口地址。

Out byte（输出字节）

用于往 I/O 端口输出一个字节。用户需提供端口地址。

Read word（输入字）

用于从 I/O 端口输入一个字。用户需提供端口地址。

Write word（输出字）

用于往 I/O 端口输出一个字。用户需提供端口地址。

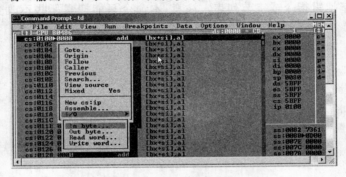

图 B-6　输入/输出子菜单

B.5　寄存器区和标志区的操作

寄存器区显示了 CPU 各寄存器的当前内容。标志区显示了八个 CPU 标志位的当前状态,表 B-2 列出了各标志位在该区的缩写字母。

表 B-2　标志区中的标志位

标志区字母	标志位名称	标志区字母	标志位名称
c	进位（Carry）	p	奇偶（Parity）
z	全零（Zero）	a	辅助进位（Auxiliary carry）
s	符号（Sign）	i	中断允许（Interrupt enable）
o	溢出（Overflow）	d	方向（Direction）

1.寄存器区局部菜单

当寄存器区为当前区域时(若寄存器区不是当前区域,可连续按 Tab 或 Shift＋Tab 键使寄存器区成为当前区域),按 Alt＋F10 组合键即可激活寄存器区局部菜单,寄存器区局部菜单的外观见图 B-5。下面介绍一下各菜单项的功能。

Increment（加 1）

本命令用于把当前寄存器的内容加 1。

微型计算机原理与接口技术题解及实验指导(第 3 版)

Decrement（减 1）

本命令用于把当前寄存器的内容减 1。

Zero（清零）

本命令用于把当前寄存器的内容清零。

Change（修改）

本命令用于修改当前寄存器的内容。选择此命令后,屏幕上会弹出一个输入框,在输入框中键入新的值,然后回车,这个新的值就会取代原来该寄存器的内容。

修改寄存器的内容还有一个更简单的变通方法,即把光标移到所需的寄存器上,然后直接键入新的值。

Register 32-bit（32 位寄存器）

按 32 位格式显示 CPU 寄存器的内容(默认为 16 位格式)。在 286 以下的 CPU 或实模式时只需使用 16 位显示格式即可。

2. 修改标志位的内容

用局部菜单的命令修改标志位的内容比较繁琐。实际上只要把光标定位到要修改的标志位上按回车键或空格键即可使标志位的值在 0、1 之间变化。

B.6　数据区的操作

数据区显示了从指定地址开始的内存单元的内容。每行左边按十六进制显示段地址和偏移地址(XXXX：YYYY)。若段地址与当前 DS 寄存器内容相同,则显示"DS"和偏移量(DS：YYYY)。地址的右边根据"Display as"局部菜单命令所设置的格式显示一个或多个数据项。对字节(Byte)格式,每行显示 8 个字节;对字格式(Word),每行显示 4 个字;对浮点格式(Comp、Float、Real、Double、Extended),每行显示 1 个浮点数;对长字格式(Long),每行显示 2 个长字。

当以字节方式显示数据时,每行的最右边显示相应的 ASCII 字符,TD 能显示所有字节值所对应的 ASCII 字符。

1. 显示/修改数据区的内容

在默认的情况下,TD 在数据区显示从当前指令所访问的内存地址开始的存储区域内容。但用户也可用局部菜单中的"Goto"命令显示任意指定地址开始的内存区域的内容。TD 还提供了让用户修改存储单元内容的功能,用户可以很方便地把任意一个内存单元的内容修改成所期望的值。但要注意,若修改了系统使用的内存区域,将会产生不可预料的结果,甚至会导致系统崩溃。修改内存单元内容的步骤如下:

(1) 使用局部菜单中的"Goto"命令并结合使用方向键把光标移到期望的地址单元处(注意数据区的光标是一个下划线)。

(2) 打开数据编辑窗口。有两种方法:一是直接输入数据,在输入数据的同时屏幕上就会自动弹出数据编辑窗口；二是激活数据区局部菜单（见第 B.5 节），选择其中的 Change 命令，屏幕上也会弹出数据编辑窗口。

（3）在数据编辑窗口中输入所需的数据，输入完后，按回车，输入的数据就会替代光标处的原始数据。注意，数据编辑窗口中曾经输入过的数据均可重复使用，只要在数据编辑窗口中用方向键把光标定位到所需的数据处，按回车即可。

2. 数据区局部菜单

当数据区为当前区域时（若数据区不是当前区域，可连续按 Tab 或 Shift＋Tab 键使数据区成为当前区域），按 Alt＋F10 组合键即可激活数据区局部菜单，数据区局部菜单的外观见图 B-3，下面给出各菜单项的功能描述。

Goto（转到指定位置）

此命令可把任意指定地址开始的存储区域的内容显示在 CPU 窗口的数据区中。除了可以显示用户程序的数据区外，还可以显示 BIOS 区、DOS 区、驻留程序区或用户程序外的任一地址区域。此命令要求用户提供要显示的起始地址。

Search（搜索）

此命令允许用户从光标所指的内存地址开始搜索一个特定的字节串。用户必须输入一个要搜索的字节列表。搜索从低地址向高地址进行。

Next（下一个）

搜索下一个匹配的字节串（由 Search 命令指定的）。

Change（修改）

本命令用于修改当前光标处的存储单元的内容。选择此命令后，屏幕上会弹出一个输入框，在输入框中键入新的值，然后回车，这个新的值就会取代原来该单元的内容。

修改存储单元的内容还有一个更简单的方法，即把光标移到所要求的存储单元位置上，然后直接键入新的值。

Follow（遍历）

本命令可以根据存储单元的内容转到相应地址处并显示其内容（即把当前存储单元的内容当作一个内存地址看待）。此命令有下一级子菜单，如图 B-7 所示。子菜单中的命令解释如下。

图 B-7　遍历子菜单

微型计算机原理与接口技术题解及实验指导（第 3 版）

Near code（代码区近跳转）

本子菜单命令将数据区中光标所指的**一个字**作为当前代码段的新的偏移量,使代码区定位到新地址处并显示新内容。

Far code（代码区远跳转）

本子菜单命令将数据区中光标所指的**一个双字**作为新地址（段值和偏移量）,使代码区定位到新地址处并显示新内容。

Offset to data（数据区近跳转）

本子菜单命令将光标所指的**一个字**作为数据区的新的偏移量,使数据区定位到以该字为偏移量的新地址处并显示。

Segment：Offset to data（数据区远跳转）

本子菜单命令将光标所指的**一个双字**作为数据区的新的起始地址,使数据区定位到以该双字为起始地址的位置并显示。

Base segment：0 to data（数据区新段）

本子菜单命令将光标所指的一个字作为数据段的新段值,使数据区定位到以该字为段址,以 0 为偏移量的位置并显示。

Previous（返回到前一次显示位置）

即把数据区恢复到上一条命令使用前的地址处显示。上一条命令如果确实修改了显示地址（如 Goto 命令）,本命令才有效。注意,而光标键、PgUp、PgDn 键并不能修改显示起始地址。

TD 在堆栈中保存了最近用过的五个显示起始地址,所以多次使用了 Follow 命令或 Goto 命令后,本命令仍能让用户返回到最初的显示起始位置。

Display as（显示方式）

本命令用于选择数据区的数据显示格式。共有 8 种格式,描述如下：

- Byte　按字节（十六进制）进行显示。
- Word　按字（十六进制）进行显示。
- Long　按长整型数（十六进制）进行显示。
- Comp　按 8 字节整数（十进制）进行显示。
- Float　按短浮点数（科学计数法）进行显示。
- Real　按 6 字节浮点数（科学计数法）进行显示。
- Double　按 8 字节浮点数（科学计数法）进行显示。
- Extended　按 10 字节浮点数（科学计数法）进行显示。

Block（块操作）

本命令用于进行内存块的操作,包括移动、清除和设置内存块初值、从磁盘中读内容到内存块或写内存块内容到磁盘中。本命令有下一级子菜单,如图 B-8 所示。子菜单中的命令解释如下。

Clear（块清零）

把整个内存块的内容全部清零,要求输入块的起始地址和块的字节数。

Move(块移动)

把一个内存块的内容复制到另一个内存块。要求输入源块起始地址、目标块起始地址和源块的字节数。

Set(块初始化)

把整个内存块内容设置为指定的同一个值。要求输入起始地址、块的字节数和所要设置的值。

读取(Read)

读文件内容到内存块中。要求输入文件名、内存块起始地址和要读的字节数。

写入(Write)

写内存块内容到文件中。要求输入文件名、内存块起始地址和要写的字节数。

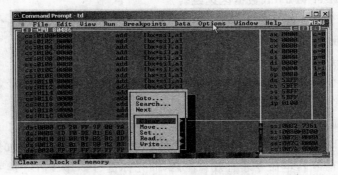

图 B-8 内存块操作子菜单

B.7 堆栈区的操作

当堆栈区为当前区域时(若堆栈区不是当前区域,可连续按 Tab 或 Shift+Tab 键使堆栈区成为当前区域),按 Alt+F10 组合键即可激活堆栈区局部菜单,堆栈区局部菜单的外观见图 B-4。堆栈区局部菜单中各菜单项的功能与数据区局部菜单的同名功能完全一样,只是其操作对象为堆栈区,故此不再赘述。

B.8 TD 使用入门的 10 个 How to

1. 如何载入被调试程序

方法 1:转到 TD.EXE 所在目录,在 DOS 提示符下键入以下命令:

```
C:\ASM>TD↙
```

进入 TD 后,按 Alt+F 键打开 File 菜单,选择 Open,在文件对话框中输入要调试的程序名,按回车。

方法 2：转到 TD.EXE 所在目录，在 DOS 提示符下键入以下命令（假定要调试的程序名为 HELLO.EXE）：

```
C:\ASM>TD HELLO.EXE↙
```

方法 3：在 Windows 操作系统中，打开 TD.EXE 所在目录，把要调试的程序图标拖放到 TD 的图标上。

2. 如何输入（修改）汇编指令

（1）用 Tab 键选择代码区为当前区域。

（2）用方向键把光标移到期望的地址处，如果是输入一个新的程序段，建议把光标移到 CS：0100H 处。

（3）打开指令编辑窗口，有两种方法：

- 一是在光标处直接键入汇编指令，在输入汇编指令的同时屏幕上就会自动弹出指令的临时编辑窗口。
- 二是用 Alt＋F10 键激活代码区局部菜单，选择其中的汇编命令，屏幕上也会自动弹出指令的临时编辑窗口。

（4）在临时编辑窗口中输入/编辑指令，每输入完一条指令，按回车，输入的指令即可出现在光标处（替换掉原来的指令），同时光标自动下移一行，以便输入下一条指令。

3. 如何查看/修改数据段的数据

（1）用 Tab 键选择数据区为当前区域。

（2）使用局部菜单中的 Goto 命令并结合使用方向键把光标移到期望的地址单元处（注意数据区的光标是一个下划线），数据区就从该地址处显示内存单元的内容。

（3）若要修改该地址处的内容，则需打开数据编辑窗口。有两种方法：

- 一是在光标处直接输入数据，在输入数据的同时屏幕上就会自动弹出数据编辑窗口。
- 二是用 Alt＋F10 键激活数据区局部菜单，选择其中的 Change 命令，屏幕上也会弹出数据编辑窗口。

（4）在数据编辑窗口中输入所需的数据，输入完毕按回车，输入的数据就会替代光标处的原始数据。

4. 如何修改寄存器内容

（1）用 Tab 键选择寄存器区为当前区域。

（2）用方向键把光标移到要修改的寄存器上。

（3）打开编辑输入窗口。有两种方法：

- 一是在光标处直接键入所需的值，在键入的同时屏幕上就会自动弹出编辑输入窗口。
- 二是用 Alt＋F10 键激活寄存器区局部菜单，选择其中的 Change 命令，屏幕上也会弹出编辑输入窗口。

（4）在编辑输入框中键入所需的值，然后回车，这个新的值就会取代原来该寄存器的内容。

5．如何修改标志位内容

（1）用 Tab 键选择标志区为当前区域。

（2）用方向键把光标移到要修改的标志位上。

（3）按回车键或空格键即可使标志位的值在 0、1 之间变化。

6．如何指定程序的起始执行地址

方法 1：

（1）用 Tab 键选择代码区为当前区域。

（2）用 Alt＋F10 键激活代码区局部菜单，选择局部菜单中的 New CS:IP 命令。

方法 2：

（1）用 Tab 键选择寄存器区为当前区域。

（2）用方向键把光标移到 CS 寄存器上，输入程序起始地址的段地址。

（3）用方向键把光标移到 IP 寄存器上，输入程序起始地址的偏移量。

7．如何单步跟踪程序的执行

（1）用上述第 6 条中的方法首先指定程序的起始执行地址。

（2）按 F7 或 F8 键，每次将只执行一条指令。

注：若当前执行的指令是 CALL 指令，则 F7 键将跟踪进入被调用的子程序，而 F8 键则把 CALL 指令及其调用的子程序当作一条完整的指令，要执行完子程序才停在 CALL 指令的下一条指令上。

8．如何只执行程序的某一部分指令

方法 1：用设置断点的方法。

（1）用上述第 6 条中的方法首先指定程序的起始执行地址。

（2）用方向键把光标移到要执行的程序段的最后一条指令的下一条指令上（注意，不能移到最后一条指令上，否则最后一条指令将不会被执行），按 F2 键设置断点。也可按 Alt＋F2 键，然后在弹出的输入窗口中输入断点地址。

（3）按 F9 键执行，程序将会停在所设置的断点处。

方法 2：用"运行程序到光标处"的方法。

（1）用上述第 6 条中的方法首先指定程序的起始执行地址。

（2）用方向键把光标移到要执行的程序段的最后一条指令的下一条指令上（注意，不能移到最后一条指令上，否则最后一条指令将不会被执行）。

（3）按 F4 键执行程序，程序将会执行到光标处停下。

方法 3：用"执行到指定位置"的方法。

（1）用上面第 6 条中的方法首先指定程序的起始执行地址。

（2）按 Alt＋F9 键，在弹出的输入窗口中输入要停止的地址（即要停在哪条指令上，就输入哪条指令的地址），按回车，程序将会执行到指定位置处停下。

9. 如何查看被调试程序的显示输出

按 Alt＋F5 键。

10. 如何在 Windows 2000 中把 TD 的窗口设置的大一些

按 Alt＋O 键，在下拉菜单中选择 Display options 项，在弹出的对话框中，用 Tab 键选 Screen lines 选项，用←、→键选中"43/50"，按回车。然后按 F5 键，使 CPU 窗口充满 TD 窗口。

高等学校计算机基础教育教材精选